PINGYUAN DIQU HEHU SHUILIANG SHUIZHI
SHENGTAI TIAOKONG YANJIU

平原地区河湖水量水质生态调控研究

蔡金傍◎著

河海大学出版社
HOHAI UNIVERSITY PRESS
·南京·

图书在版编目(CIP)数据

平原地区河湖水量水质生态调控研究/蔡金傍著.
—南京:河海大学出版社,2021.12
ISBN 978-7-5630-7269-9

Ⅰ. ①平… Ⅱ. ①蔡… Ⅲ. ①太湖—流域—水资源管理—研究 ②太湖—流域—湖泊—水资源管理—研究
Ⅳ. ①TV213.4

中国版本图书馆 CIP 数据核字(2021)第 236382 号

书　　名/平原地区河湖水量水质生态调控研究
书　　号/ISBN 978-7-5630-7269-9
责任编辑/卢蓓蓓
责任校对/张心怡
封面设计/徐娟娟
出版发行/河海大学出版社
地　　址/南京市西康路 1 号(邮编:210098)
电　　话/(025)83737852(总编室)　(025)83722833(营销部)
经　　销/江苏省新华发行集团有限公司
排　　版/南京月叶图文制作有限公司
印　　刷/江苏凤凰数码印务有限公司
开　　本/787 毫米×1092 毫米　1/16
印　　张/11.25
字　　数/190 千字
版　　次/2021 年 12 月第 1 版　2021 年 12 月第 1 次印刷
定　　价/68.00 元

目　　录

1 绪论

1.1 研究背景

太湖是我国第三大淡水湖泊，地处我国经济发达的上海、江苏和浙江两省一市交界处，湖泊面积 2 338 km^2，流域面积 36 985 km^2。太湖流域是我国人口最稠密的地区，也是经济最发达和城市化程度最高的地区之一，在我国社会经济发展中有着举足轻重的地位。伴随着城镇化、工业化建设的飞速发展和农业集约化程度的不断提高，人类活动引起的环境问题日益突出，严重制约了该地区社会经济的进一步发展。太湖流域水环境问题引起了各级政府的高度重视，国家采取了一系列治理措施，从一定程度上缓解了污染的进一步加剧，但污染排放、生态破坏、环境风险等问题仍较为突出，生态环境形势依然严峻。

太湖流域的上游有发源于天目山北麓的苕溪水系、南溪水系和发源于湖西茅山及界岭的洮滆水系。其中，洮滆水系汇镇江、丹阳、金坛一带丘陵岗坡径流，经洮湖、滆湖调蓄后由太滆运河、漕桥河、殷村港等河流汇入太湖，滆湖位于太湖上游，是太湖流域重要的行蓄洪湖泊，也是区域供水、生态调节的重要水域，是太湖流域天然中型浅水草型湖。滆湖湖水自东部入太滆运河、漕桥河，汇流后入太湖，根据太湖污染负荷量上游地区入湖河流分析，漕桥河和太滆运河是太湖上游地区污染物入湖的主要河道，可见，该地区是太湖上游湖西地区控防入湖污染负荷的重要地区。

针对洮滆水系特定的地理位置，特有的河流湖荡密布、关联的水文条件，水环境与污染源状况，区域社会经济发展水平，以及构建太湖上游污染控防和水环境保护屏障的要求，选择洮滆水系的滆湖、太滆运河与漕桥河为重点研究区域，研究河-湖相联的河网湖荡密集型水系中水质水量联合调控技术和优化方案。

1.2 研究内容

(1) 河网-湖泊耦合水环境数学模型构建

在对太滆运河、漕桥河水系水文过程综合分析的基础上，确定河网水动力边界，构建相应的产汇流模型，研究平原河网水流过程和规律，重点研究与污染物传输等密切相关的水动力变量，构建平原河网水动力模型。研究滆湖水体营养物质磷、氮循环系统，浮游植物和浮游动物系统，以及生物生长率同营养物质、光照和水温之间的关系，研究滆湖水体富营养化机理，建立滆湖浅水湖泊生态动力学模型。

(2) 水系污染物总量控制与减排方案研究

通过现场调查与野外监测，研究流域范围内点源与面源的时空分布特点，污染源排放负荷时空变化过程，流域水量、水质时空分布规律。以水环境功能区水质达标为基础，研究流域水环境容量测算技术，基于流域污染源时空分布及河流水环境容量特征，建立流域污染物分配的多目标模型；综合考虑社会、经济、环境多重因子，提出流域污染物目标负荷量分配技术，实现环境容量资源的优化配置。

(3) 太滆运河与湖荡地区污染控制及生态调控优化方案研究

综合分析社会经济发展、资源开发利用和污染物排放与水系水环境质量变化的关系，河-湖水量、水质相互作用的过程和规律，对水系各污染控制要素进行系统调控和优化配置，从污染源治理、水量调配、提高河湖水系的自净能力、管理体制等方面，提出河湖相联的河网湖荡密集型的洮滆水系污染控制与生态调控的优化方案，在上游地区构建太湖污染防控和水环境保护的安全屏护体系，以削减从湖西上游地区进入太湖的污染物负荷。

2 区域概况

2.1 自然环境概况

2.1.1 地理位置

研究区域位于太湖流域湖西区、江苏省南部，覆盖了常州市大部分区域以及宜兴市部分区域，南眺宜溧山地，东临太湖（见图 2.1.1 和图 2.1.2）。研究区域属

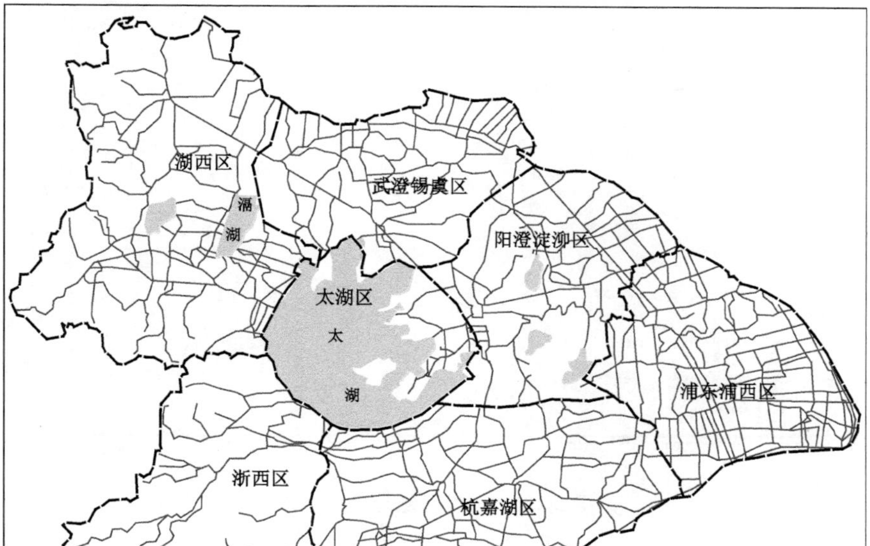

图 2.1.1 研究区域在太湖流域的位置示意图

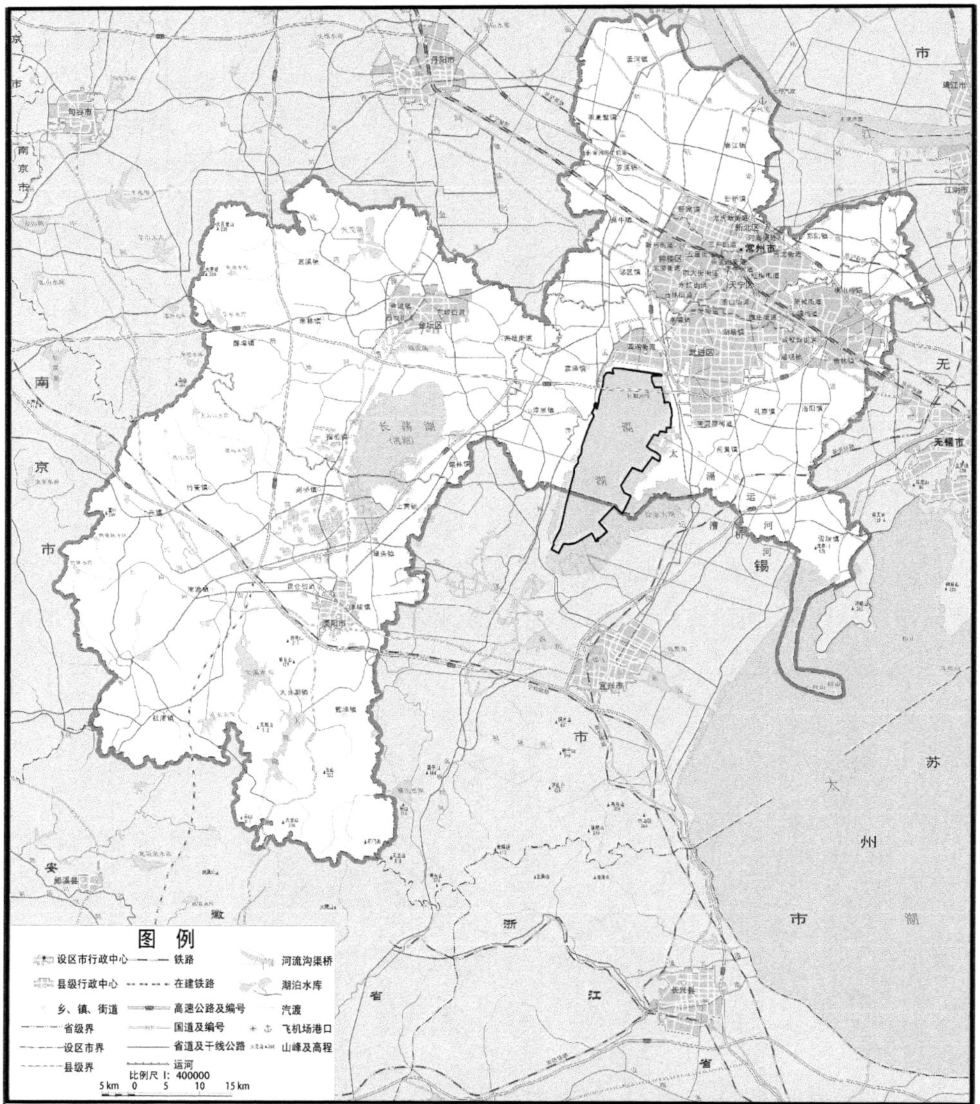

审图号：苏S(2019)014号

2019年6月江苏省测绘地理信息局制

图 2.1.2　研究区域地理位置图

于洮滆水系，该水系是太湖的主要来水区域之一，以长荡湖（洮湖）、滆湖为中心，纳西部茅山诸溪，后经东西向的漕桥河、太滆运河、殷村港、烧香港等多条主干河道入太湖竺山湾；同时又以丹金溧漕河、扁担河、武宜运河等多条南北向河道与沿江水系相通，形成东西逢源、南北交汇的网络状水系。

2.1.2 气候

研究区域所在地位于长江和太湖之间，北亚热带季风性湿润气候，气候温和湿润，雨水充沛，光照充足，四季分明。梅雨季节明显，大多在 6 月中旬到 7 月上旬。多年平均气温 15.6℃[①]。1 月平均气温 2.1℃，极端最低气温－15.5℃；7 月平均气温 28.4℃，极端最高气温 39.4℃。年平均日照 2 063 h，年平均霜期 126 d，无霜期 239 d。多年平均降水量 1 197 mm，极端最大降水量 1 467 mm，最小降水量 538 mm。年平均降雪 8.81 d。区内主导风向为东南风，平均风速为 3 m/s。

2.1.3 地形地貌

研究区域地处长江三角洲太湖平原西部，地形西高东低，略微倾斜；平原面积占总面积(不含境内长江、太湖、滆湖水域)的 98.16%。平原高差不大，一般海拔(吴淞零点)5～7 m。东南、西北边缘地带，有低山丘陵，山丘一般海拔 70～150 m。地质构造处于茅山褶皱带范围内，出露地层为第Ⅳ纪冲积层，厚达 190 m，由黏土、淤泥和砂粒组成，地下水位一般在地面下 1～3 m，深层地下水第一含水层水位约在地面下 30～50 m，第二含水层约在地面下 70～100 m。

2.2 社会经济概况

研究区域经济实力雄厚，综合能力强，经济和社会发展水平处于国内领先地位。太滆运河沿岸乡镇经济基础比较扎实，工业经济是区域范围内的主导经济，有武进高新区以及前黄和雪堰两个工业集中区，已形成了以电子信息、机械制造和纺织为主导产业的工业发展态势，是武进区工业发展的重点区域。漕桥河沿岸以化工、冶金铸造、机械环保、纺织制衣、包装、电子陶瓷、塑料制品等为主要产业。

2.3 水系概况

洮滆水系汇镇江、丹阳、金坛一带丘陵岗坡径流，经长荡湖、滆湖调蓄后由太

① 全书因四舍五入原因，数据存在一定偏差。

滆运河、漕桥河、殷村港等河流汇入太湖。该区域河流纵横密布、湖荡众多，主要河道有夏溪河、成章河、湟里河、北干河、中干河、扁担河、孟津河、武宜运河、武南河、太滆运河、锡溧漕河、漕桥河、永安河、殷村港等。区域水系分布见图 2.3.1。

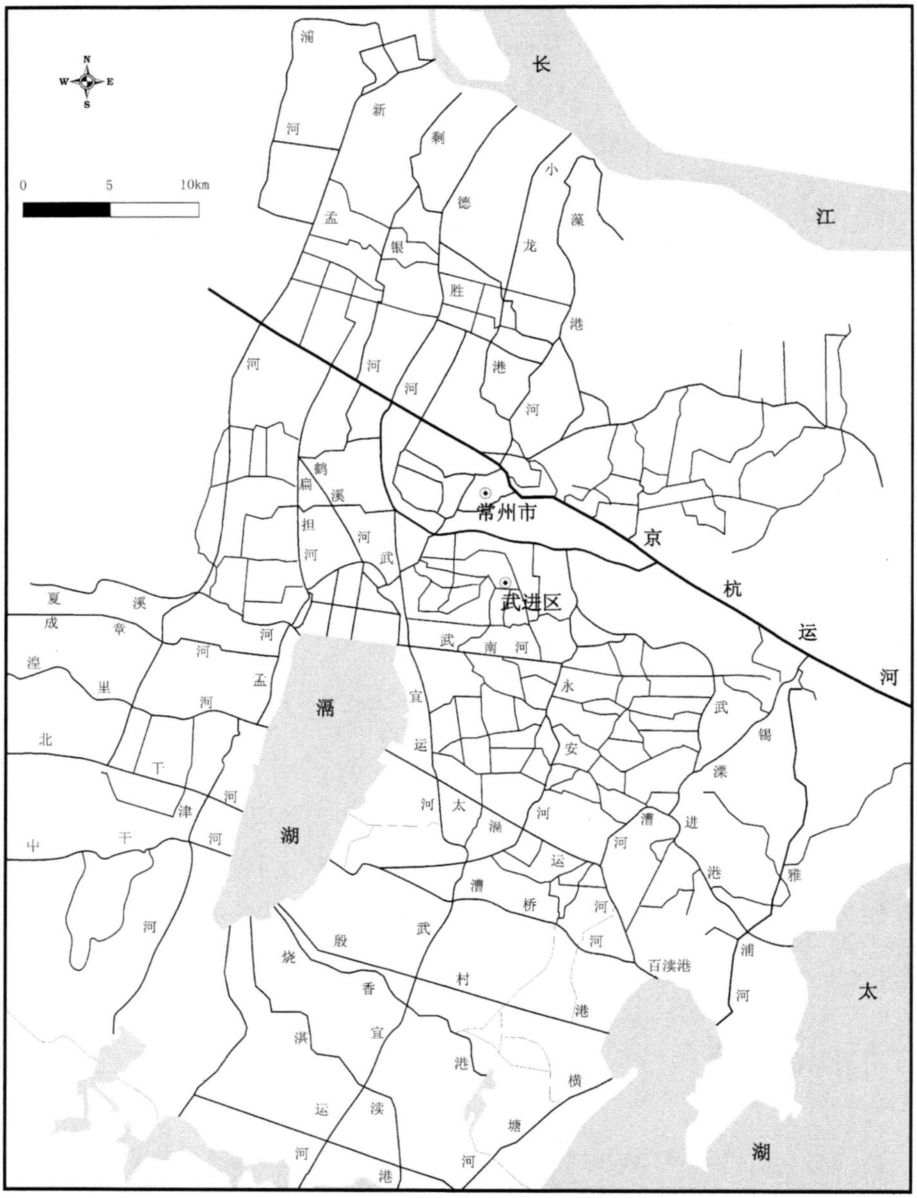

图 2.3.1　区域水系概化图

(1) 滆湖

滆湖位于太湖流域西部，介于北纬 31°29′～31°42′，东经 119°44′～119°53′之间，横跨常州武进区和无锡宜兴市，是苏南太湖湖群的重要组成部分，同时也是太湖流域第二大湖泊。湖体呈浅碟型，系古太湖分化残留湖之一，南北长 25 km，东西平均宽 6.6 km，水域面积为 164 km^2，其中武进区境内约 119 km^2。滆湖湖底平坦，无明显起伏，湖底平均高程 2.19 m(吴淞高程)，最低高程 1.79 m。常年平均水深1.27 m，丰水期水深约 2 m，总蓄水量 2.15 亿 m^3。滆湖多年平均水位3.27 m，历史最高水位 5.43 m，历史最低水位 2.42 m，汛期受茅山丘陵区洪水影响，湖水位变幅较大，绝对变幅达 3.00～3.50 m，正常蓄水位为 3.30 m，相应蓄水面积 143.75 km^2，相应库容 1.93 亿 m^3。进出水量基本平衡，湖水滞留时间较短，年换水系数为7.03次。滆湖水位年变化过程见图 2.3.2。

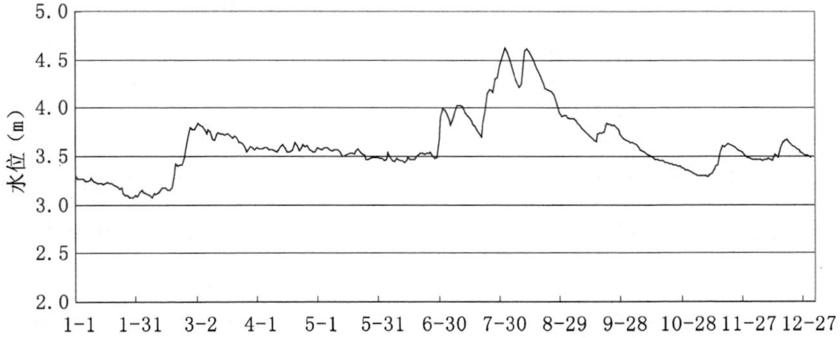

图 2.3.2 滆湖水位年变化过程

滆湖西接长荡湖，东连太湖，北承京杭大运河来水，东西两岸分别有武宜运河和孟津河自北而南纵向环绕。主要入湖河道有北部扁担河承接京杭大运河来水，西北部夏溪河承接金坛市东南部降雨径流和部分丹金溧漕河来水，西部主要有湟里河、北干河、中干河承接长荡湖水以及洮滆之间降雨径流；主要出湖河道有武南河、太滆运河、漕桥河、殷村港、湛渎港等东注太湖，出入湖河道上均无水工建筑物控制，滆湖每年入太湖水量约为 11.8 亿 m^3。滆湖周边水系为平原水网，无明显的汇水边界。

滆湖是长三角地区最具代表性的浅水草型湖泊之一，兼具饮用水备用水源、蓄洪灌溉、水产养殖和水上运输等多种功能，其自然资源与生物多样性丰富。滆湖有鱼类60余种，较为常见的30余种，主要经济鱼类10余种，其中天然鱼类占70%，自然繁殖的鱼有鲤、鲫、鳊、黑鱼、鲶鱼、银鱼等；放养的鱼有草、青、鲢、鳙、团头鲂等。滆湖水生植物有44种，分属23科，湖边、河口、浅滩分布的种类占绝大多数，其中湿地植物5种、浮叶植物5种、漂浮植物8种、挺水植物13种、沉水植物13种。沉水植物分布最广，黄丝草遍布全湖，其次还有苦草、菹草、轮叶黑藻等。浮游动物有71属125种，其中原生动物16属21种，底栖动物23种。

（2）太滆运河

太滆运河位于常州市武进区南部（东经119°51′～120°3′，北纬31°30′～31°38′），是武进区"三横三纵"骨干河道之一。太滆运河地处滆湖东部，东南走向，西起滆湖，经寨桥、坊前，穿越武宜运河，过墙门下、祝庄、运村镇、殷墅桥，接锡溧运河，折向南行，经黄堰桥到宜兴市分水墩，与漕桥河汇合，由百渎港入太湖。太滆运河全长22.4 km，其中武进境内长20.1 km，宜兴境内长2.3 km，河宽35～40 m，水深2～3 m，年均径流总量5.3亿m^3，京杭大运河改道后流量为4.4～29.2 m^3/s。太滆运河是沟通滆湖和太湖、调节滆湖水位的骨干河道之一，也是太湖主要入湖河流之一。太滆运河与武宜运河、锡溧漕河、永安河等地区主要水系关联，具有引排水、通航、灌溉等多种水体功能。太滆运河流域覆盖前黄镇和雪堰镇27个行政村及1个圩区，其总面积约115 km^2，常住人口约10.89万人。

（3）漕桥河

漕桥河为武进东南地区主要河道，位于太湖、滆湖之间，西出滆湖，自尖头起经军民桥港、漕桥河港入湖荡地区，过聚龙桥接武宜运河，经马庄、漕桥、芦漕达百渎东，在分水墩与太滆运河合流，自百渎港入太湖。全河主要在宜兴市境内，全长23 km，其中宜兴与常州公共段长6.9 km，宜兴16.1 km。主河道平均底宽25.6 m，河道起止点底高程为1.9 m，内坡坡比为1∶1，年径流量6.4亿m^3，年平均水量2.1亿m^3。漕桥河沿岸涉及常州市武进区和宜兴市，包括武进区的雪堰镇和前黄镇以及宜兴市的周铁镇、万石镇、和桥镇，两岸有37条主要河浜，其中宜兴市31条，武进区6条。

（4）武宜运河

武宜运河北起京杭运河，流经常州市武进区、宜兴市后流入太湖，流域面积约170 km^2，流域地形以平原、圩区为主，兼有部分低山丘陵，河网密布，水系纵横。武宜运河全长约51.3 km，沿程穿越太滆运河、锡溧漕河、漕桥河、殷村港、烧香港、湛渎港以及新湛渎港。京杭运河来水汇入武宜运河后，一部分通过太滆运河流入滆湖，另一部分通过漕桥河、殷村港、烧香港以及湛渎港流向太湖，是太湖西岸主要入湖水系之一。常年流向自北向南，平均底宽 12 m，河底高程－1.10 m（黄海高程），河口宽度 30 m，平均水深 3.5 m，枯水期水位 3.7～4 m，丰水期 5 m 左右，汛期流量 150 m^3/s。

（5）永安河

永安河位于常州市武进区境内，属太湖流域武澄锡虞区骨干调节河道，汇水经太滆运河入太湖。永安河北起采菱港，南至太滆运河，长 16.4 km，河道平均底宽 5 m，水深 3 m。

（6）锡溧漕河

锡溧漕河是又一条贯通武进区和宜兴市的流域性河道，由太滆运河分成南北两段，北段起源于武进港，交于太滆运河，南段穿越宜兴市，汇漕桥河入滆湖。河道总长度 18 km（不计与太滆运河合流段），平均底宽 15 m，平均水深 3.6 m。

（7）扁担河

扁担河位于常州市西南地区，北起京杭运河，向南流经奔牛、邹区、卜弋、厚余，由嘉泽港入滆湖，全长 15.5 km，宽约 40 m，是湖西地区一条骨干河道，主要功能包括承泄上游京杭运河来水，承排奔牛镇、邹区镇、西湖街道、嘉泽镇等地区涝水，是许多沿岸厂区重要的水上交通道路。沿线区级骨干交汇河道为孟津河，县、镇级支流有鹤溪河、岳溪河、礼河、卜泰河，村级支浜有新普河、黄沟河、团结河、长塘河、厚余浜等。

（8）夏溪河

夏溪河位于滆湖西北部，西起金坛市城北的溧漕河，流经河头、尧塘和武进的夏溪、嘉泽，在塘门港处入滆湖，全长 25.1 km，河宽 40～60 m，流域面积为 114.3 km^2。

（9）湟里河

湟里河位于滆湖西部，西起金坛的长荡湖，经水北、湟里，在安欢渎处入滆湖，全长 19.6 km，河宽 22～24 m，流域面积为 64.1 km^2。

（10）北干河

北干河位于滆湖西部，1966 年开挖，西起金坛长荡湖的湖头村，流经鹭港、新桥头、西市，在红湖桥处入滆湖，是沟通长荡湖和滆湖的主干河道之一。

（11）中干河

中干河是洮滆水系的主干河道之一，属市级河道，1976 年开挖，西起长荡湖的大培山，流经下桥、新市、古庄，在周家渎处入滆湖，全长 14.7 km，承接大量上游西部来水。

（12）殷村港

殷村港是 20 世纪 70 年代为滆湖泄洪而开挖的人工运河，位于宜兴市东北部，是连接滆湖与太湖的主要通道，全长 20.3 km，起源于滆湖，常年流向自西向东。殷村港横贯宜兴市和桥镇、万石镇、周铁镇，在周铁镇竺山圩入太湖，沿途相交河流中较大的有武宜运河、横塘河。汇水面积为 85.27 km^2，平均年径流量达 11 亿 m^3，为主要入太湖河流之首。

2.4 水环境功能区划

根据《江苏省地表水（环境）功能区划》（苏政复〔2003〕29 号），研究区域内主要河流、湖泊水功能区划见表 2.4.1。

表 2.4.1 研究区域主要河流、湖泊水功能区划

河　流	起始—终止位置	功能区排序	水质目标	
			2010	2020
北干河	长荡湖—滆湖	渔业用水、工业用水、农业用水	Ⅳ	Ⅲ
扁担河	京杭运河—滆湖	工业用水	Ⅳ	Ⅳ
湟里河	长荡湖—滆湖	工业用水、农业用水	Ⅳ	Ⅲ
孟津河	丫河—张河港	渔业用水、景观娱乐、工业用水	Ⅳ	Ⅲ
夏溪河	丹金溧漕河—滆湖	工业用水、农业用水	Ⅳ	Ⅳ
中干河	长荡湖—滆湖	渔业用水、工业用水、农业用水	Ⅳ	Ⅲ
滆湖	滆湖（宜兴市）	渔业、工业、农业	Ⅳ	Ⅲ
	滆湖（常州市）	渔业、景观	Ⅲ	Ⅲ
永安河	采菱港—太滆运河	工业、农业	Ⅳ	Ⅳ
太滆运河	滆湖—坊前	饮用、工业、农业	Ⅲ	Ⅲ
	坊前—锡溧漕河	工业、农业	Ⅲ	Ⅲ
	锡溧运河—太湖	渔业、工业、农业	Ⅳ	Ⅲ

续表

河　流	起始—终止位置	功能区排序	水质目标	
			2010	2020
锡溧漕河	太滆运河—武锡界	工业、农业	Ⅳ	Ⅳ
武南河	滆湖东闸—永安河	工业、农业	Ⅳ	Ⅳ
武宜运河	武宜界—闸口镇	饮用、工业、农业	Ⅲ	Ⅲ
	丫河口—寨桥东沙	工业、农业	Ⅳ	Ⅳ
	闸口镇—西九	渔业、景观、工业	Ⅳ	Ⅲ
	寨桥东沙—武宜界	工业、农业	Ⅲ	Ⅲ
漕桥河	滆湖口—武宜运河(闸口)	渔业、工业	Ⅳ	Ⅲ
	武宜运河—太滆运河	渔业	Ⅳ	Ⅲ

3 生态环境分析

3.1 水环境质量分析

3.1.1 滆湖水环境质量分析

根据滆湖形态特征、主要出入湖河流分布等，在滆湖水域布置 4 个调查点位，分别为湖北区、太滆河口区、北干河口区、湖南区，见图 3.1.1。采样时间分别为 1、3、5、7、9、11 月，调查项目主要为叶绿素 a（Chl-a）、总磷（TP）、总氮（TN）、氨氮（NH_3-N）、溶解氧（DO）、pH 值、透明度（SD）、水温（WT）、高锰酸盐指数（COD_{Mn}）等。样品分析方法详见《湖泊富营养化调查规范》和《水和废水监测分析方法》。

图 3.1.1 滆湖水质监测点位布置图

（1）总氮

滆湖总氮实测值为 1.72～2.12 mg/L，最大值出现在 3 月份，全湖年平均值为 1.84 mg/L。将 4 个监测点位总氮年均值与空间数据结合，利用 Suffer 软件，采用 Kriging 空间内插法将滆湖 4 个监测点总氮均值分别进行空间内插，可得到总氮年平均值在滆湖水域中的分布图，如图 3.1.2 所示。由图上可以看出滆湖总氮浓度高值区主要分布在太滆河口和北干河口区域，最低值出现在湖南区和湖北区。

（2）氨氮

滆湖氨氮实测值为 0.71～1.17 mg/L，最大值出现在 1 月份，全年平均值为 0.89 mg/L。氨氮年均值在滆湖水域中的分布见图 3.1.3，图上表明滆湖北部水域氨氮浓度比南部水域高。

（3）总磷

滆湖总磷实测值为 0.075～0.153 mg/L，最大值出现在 1 月份，年平均值为 0.112 mg/L，滆湖总磷高值区主要分布在太滆河口和北干河口区域，最低值出现在湖南区和湖北区，具体分布特征见图 3.1.4。

（4）高锰酸盐指数

滆湖高锰酸盐指数变化范围为 5.52～6.82 mg/L，年平均值为 5.92 mg/L，滆湖北干河口区域高锰酸盐指数最低，这主要是由于入湖河流中北干河水体中高锰酸盐指数浓度低，高值区主要分布在湖北区和湖南区，具体分布特征见图 3.1.5。

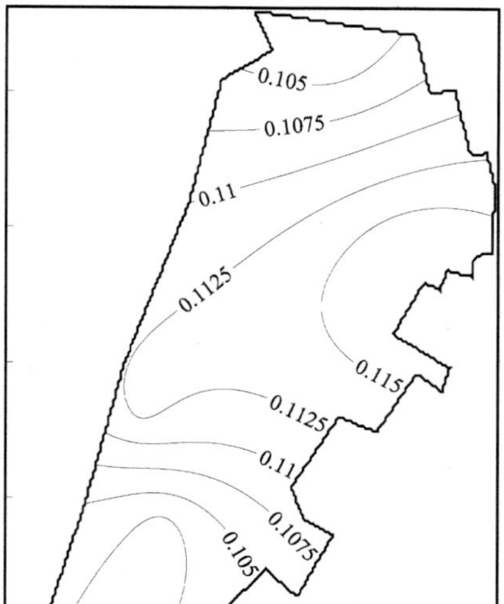

图 3.1.2　滆湖总氮浓度空间分布

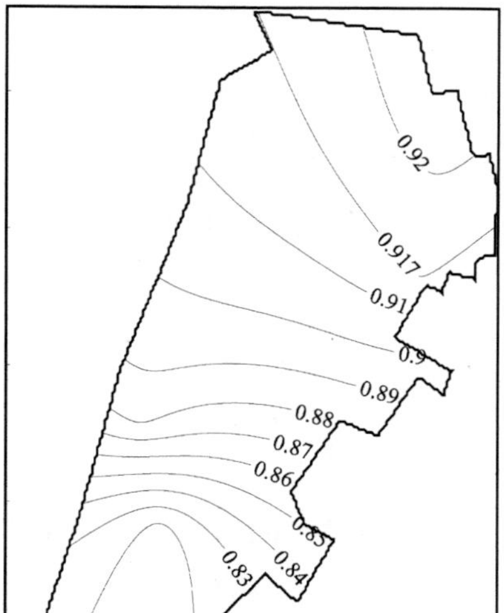

图 3.1.3　滆湖氨氮浓度空间分布

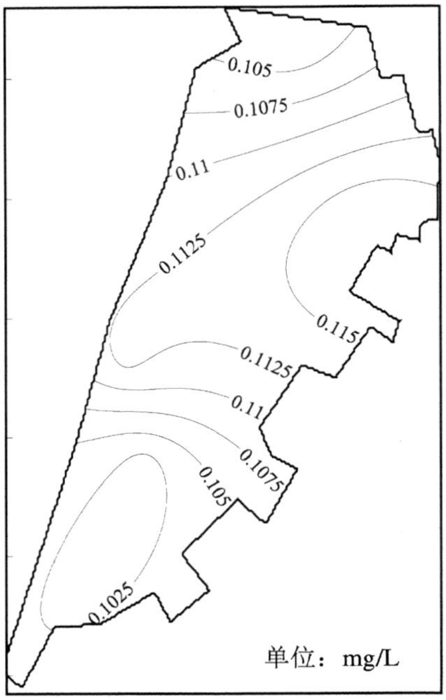

图 3.1.4　滆湖总磷空间分布

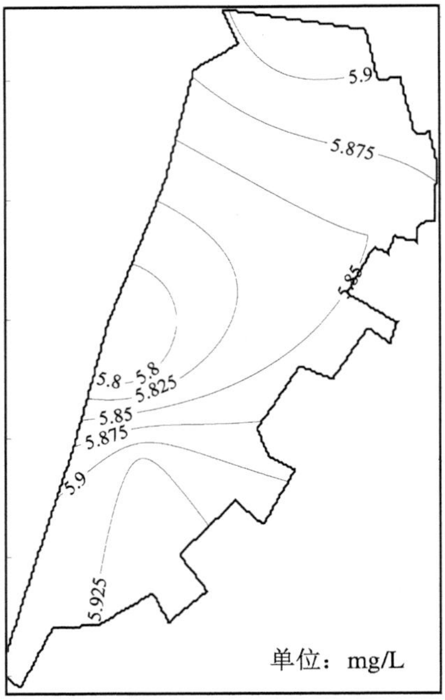

图 3.1.5　滆湖高锰酸盐指数空间分布

(5) 叶绿素 a

滆湖水体叶绿素 a 变化范围为 0.009～0.075 mg/L，最大值出现在 5 月份，年平均值为 0.044 mg/L，其中北部水域和南部水域叶绿素 a 浓度较高，具体分布特征见图 3.1.6。

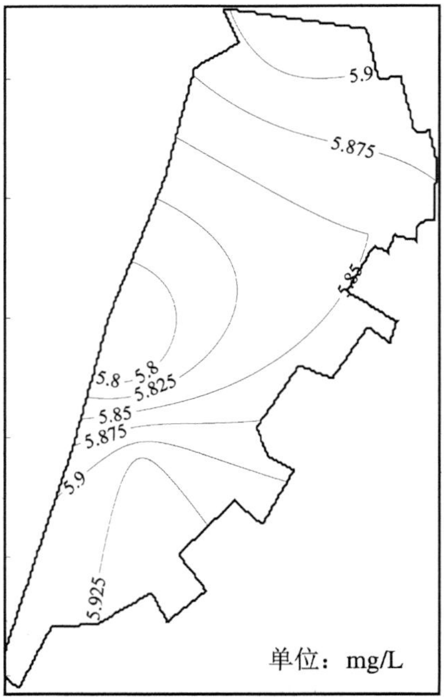

图 3.1.6　滆湖叶绿素 a 空间分布

(6) 富营养化评价结果

① 评价方法

目前，湖泊富营养化评价采用较多的有营养物浓度评价、生物指标评价和综合评价三种方法，前两种方法偏重于从某一方面进行富营养化评价，评价的结果往往比较片面，而综合评价则是采用多指标进行评价，能够比较全面地反映出水体的营养状况。综合评价主要有特征法、参数法和营养状态指数法。

本书采用中国环境监测总站推荐的《湖泊(水库)富营养化评价方法及分级技术规定》对漏湖水体综合营养状态进行评价，计算公式如下：

$$TLI(\sum) = \sum_{j=1}^{n} W_j \cdot TLI(j) \tag{3.1.1}$$

式中：$TLI(\sum)$—— 综合营养状态指数；

W_j—— 第 j 种参数的营养状态指数的相关权重；

$TLI(j)$—— 第 j 种参数的营养状态指数。

以 Chla 作为基准参数，则第 j 种参数的归一化的相关权重计算公式为：

$$W_j = \frac{r_{ij}^2}{\sum_{j=1}^{n} r_{ij}^2} \tag{3.1.2}$$

式中：r_{ij}—— 第 j 种参数与基准参数 Chla 的相关系数；

n ——评价参数的个数。

我国水库的 Chla 与其他参数之间的相关关系 r_{ij} 及 r_{ij}^2 见表 3.1.1。

表 3.1.1 中国湖泊(水库)部分参数与 Chla 的相关关系 r_{ij} 及 r_{ij}^2 值

参数	Chla	总磷	总氮	SD	高锰酸盐指数
r_{ij}	1	0.84	0.82	−0.83	0.83
r_{ij}^2	1	0.705 6	0.672 4	0.688 9	0.688 9

评价因子营养状态指数计算公式如下所示：

$$\begin{aligned}
&TLI(\text{Chla}) = 10 \times (2.5 + 1.086 \times \ln \text{Chla}) \\
&TLI(\text{总磷}) = 10 \times (9.436 + 1.624 \times \ln \text{总磷}) \\
&TLI(\text{总氮}) = 10 \times (5.453 + 1.694 \times \ln \text{总氮}) \\
&TLI(\text{SD}) = 10 \times (5.118 - 1.94 \times \ln \text{SD}) \\
&TLI(\text{高锰酸盐指数}) = 10 \times (0.109 + 2.661 \times \ln \text{高锰酸盐指数})
\end{aligned} \tag{3.1.3}$$

式中：叶绿素 a(Chla)单位为 mg/m^3，透明度(SD)单位为 m；其他指标单位均为 mg/L。

采用 0～100 的一系列连续数字对水库营养状态进行分级，包括：贫营养、中营养、轻度富营养、中度富营养和重度富营养。其污染程度与评分值的关系如表3.1.2所示。

表 3.1.2　水质类别与评分值对应表

营养状态分级	评分值 $TLI(\sum)$	定性评价
贫营养	$0 < TLI(\sum) \leqslant 30$	优
中营养	$30 < TLI(\sum) \leqslant 50$	良好
轻度富营养	$50 < TLI(\sum) \leqslant 60$	轻度污染
中度富营养	$60 < TLI(\sum) \leqslant 70$	中度污染
重度富营养	$70 < TLI(\sum) \leqslant 100$	重度污染

② 评价结果

滆湖水体营养状况综合评价结果见表3.1.3。

表 3.1.3　滆湖水体营养状况综合评价结果

日期/项目	单因子营养状态指数 $TLI(j)$					综合营养状态指数 $TLI(\sum)$	营养状态
	透明度	高锰酸盐指数	总氮	总磷	叶绿素 a		
1月	65.88	48.63	64.42	61.21	51.59	57.86	轻度富营养
3月	62.87	46.21	63.67	61.27	56.11	58.43	轻度富营养
5月	67.46	46.78	63.38	54.28	69.25	62.27	中度富营养
7月	69.45	46.44	63.29	54.63	66.81	61.87	中度富营养
9月	69.98	47.23	62.98	57.09	67.20	62.71	中度富营养
11月	69.32	47.78	63.31	52.47	64.28	60.66	中度富营养
年均值	67.49	47.18	63.51	56.83	62.54	60.63	中度富营养
湖北区	67.01	47.41	63.86	56.22	65.01	61.31	中度富营养
湖南区	67.35	47.48	63.08	56.07	64.97	61.24	中度富营养
太滆河口区	67.25	47.12	63.74	58.56	64.24	61.56	中度富营养
北干河口区	67.67	46.76	63.37	57.80	62.29	60.73	中度富营养

由表 3.1.3 可知，滆湖水体营养状况全年平均值处于中度富营养化水平，1—3 月份处于轻度富营养水平，5—11 月份处于中度富营养化水平，其中 9 月份综合营养状态指数最高，达到 62.71。滆湖 4 个监测点水体营养状况全年平均处于中度富营养化水平，其中太滆河口区综合营养状态指数最高，其次为湖北区，北干河口区最低。

3.1.2 主要河流水环境质量分析

2010 年 1 月、3 月、5 月和 7 月分别对区域内湟里河、北干河、中干河等 16 条河流进行了水质现状调查（监测点位见图 3.1.7），DO、COD_{Mn}、TP、NH_3-N、BOD_5、COD 等主要水质指标大部分为Ⅲ～Ⅴ类，见表 3.1.4—表 3.1.7。

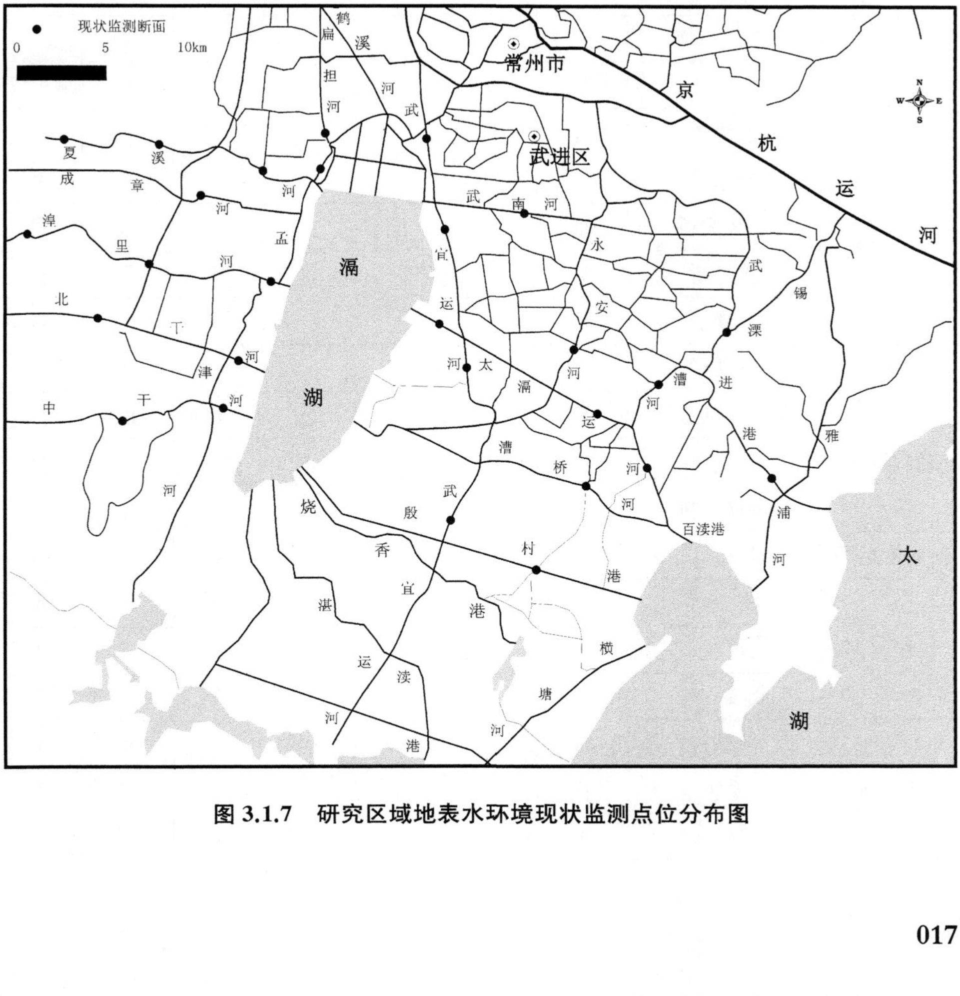

图 3.1.7 研究区域地表水环境现状监测点位分布图

表 3.1.4　2010 年 1 月研究区域水系水环境质量评价结果

河流名称	监测断面	水质类别						
		pH	DO	COD_{Mn}	TP	NH_3-N	BOD_5	COD
湟里河	四号桥	/	/	/	/	/	/	/
	三号桥	Ⅲ	Ⅳ	Ⅳ	Ⅴ	Ⅴ	Ⅳ	Ⅳ
	湟里桥	Ⅲ	Ⅳ	Ⅳ	Ⅳ	Ⅴ	Ⅳ	Ⅳ
北干河	湖头桥	Ⅲ	Ⅰ	Ⅳ	Ⅳ	Ⅲ	Ⅴ	Ⅴ
	石坝头桥	Ⅲ	Ⅲ	Ⅲ	Ⅲ	Ⅲ	Ⅲ	Ⅲ
中干河	蒋庄	Ⅲ	Ⅰ	Ⅳ	Ⅳ	Ⅴ	Ⅳ	Ⅳ
	张河港桥	Ⅲ	Ⅲ	Ⅳ	Ⅲ	Ⅳ	Ⅳ	Ⅳ
扁担河	厚余桥	Ⅲ	Ⅳ	Ⅳ	Ⅴ	Ⅲ	Ⅳ	Ⅳ
孟津河	孟津河大桥	Ⅲ	Ⅲ	Ⅳ	Ⅴ	Ⅴ	Ⅲ	Ⅳ
夏溪河	河头集镇西	Ⅲ	Ⅴ	Ⅳ	Ⅴ	Ⅴ	Ⅴ	Ⅴ
	太平桥	Ⅲ	Ⅴ	Ⅳ	Ⅴ	Ⅴ	Ⅴ	Ⅴ
	嘉泽桥	Ⅲ	Ⅳ	Ⅳ	Ⅳ	Ⅴ	Ⅴ	Ⅴ
成章河	成章桥	Ⅲ	Ⅳ	Ⅳ	Ⅳ	Ⅴ	Ⅴ	Ⅴ
太滆运河	良久大桥	Ⅲ	Ⅲ	Ⅲ	Ⅳ	Ⅴ	Ⅲ	Ⅲ
	黄埝桥	Ⅲ	Ⅲ	Ⅲ	Ⅲ	Ⅴ	Ⅲ	Ⅲ
武进港	戴溪桥	Ⅲ	Ⅲ	Ⅲ	Ⅳ	Ⅴ	Ⅳ	Ⅲ
武南河	鸣凰桥	/	/	/	/	/	/	/
武宜运河	新 312 国道桥	Ⅲ	Ⅲ	Ⅲ	Ⅳ	Ⅴ	Ⅲ	Ⅲ
	万塔桥	Ⅲ	Ⅳ	Ⅳ	Ⅳ	Ⅴ	Ⅳ	Ⅳ
	钟溪大桥	Ⅲ	Ⅳ	Ⅳ	Ⅳ	Ⅴ	Ⅳ	Ⅴ
新武宜运河	新武宜河大桥	Ⅲ	Ⅲ	Ⅲ	Ⅳ	Ⅴ	Ⅲ	Ⅲ
锡溧漕河	华渡桥	Ⅲ	Ⅲ	Ⅲ	Ⅳ	Ⅴ	Ⅲ	Ⅳ
	分庄桥	Ⅲ	Ⅳ	Ⅳ	Ⅳ	Ⅴ	Ⅲ	Ⅲ
	武宜大桥	Ⅲ	Ⅰ	Ⅲ	Ⅲ	Ⅳ	Ⅳ	Ⅳ
永安河	前黄桥	Ⅲ	Ⅲ	Ⅴ	Ⅳ	Ⅴ	Ⅴ	Ⅴ
漕桥河	漕桥	Ⅲ	Ⅰ	Ⅳ	Ⅲ	Ⅴ	Ⅳ	Ⅳ
殷村港	殷村口	Ⅲ	Ⅰ	Ⅲ	Ⅲ	Ⅴ	Ⅳ	Ⅳ

表 3.1.5　2010 年 3 月研究区域水系水环境质量评价结果

河流名称	监测断面	水质类别						
		pH	DO	COD_{Mn}	TP	NH_3-N	BOD_5	COD
湟里河	四号桥	Ⅲ	Ⅰ	Ⅲ	Ⅴ	Ⅴ	Ⅴ	Ⅴ
北干河	湖头桥	Ⅲ	Ⅰ	Ⅲ	Ⅲ	Ⅴ	Ⅴ	Ⅳ
中干河	蒋庄	Ⅲ	Ⅰ	Ⅲ	Ⅲ	Ⅴ	Ⅴ	Ⅳ
扁担河	厚余桥	Ⅲ	Ⅲ	Ⅳ	Ⅴ	Ⅲ	Ⅳ	Ⅲ
孟津河	孟津河大桥	Ⅲ	Ⅲ	Ⅳ	Ⅳ	Ⅳ	Ⅲ	Ⅳ
夏溪河	河头集镇西	Ⅲ	Ⅳ	Ⅳ	Ⅴ	Ⅳ	Ⅲ	Ⅳ
	太平桥	Ⅲ	Ⅴ	Ⅳ	Ⅴ	Ⅴ	Ⅴ	Ⅴ
夏溪河	嘉泽桥	Ⅲ	Ⅲ	Ⅳ	Ⅴ	Ⅴ	Ⅳ	Ⅳ
成章河	成章桥	Ⅲ	Ⅲ	Ⅳ	Ⅴ	Ⅴ	Ⅳ	Ⅳ
湟里河	三号桥	Ⅲ	Ⅲ	Ⅳ	Ⅴ	Ⅴ	Ⅳ	Ⅳ
	湟里桥	Ⅲ	Ⅲ	Ⅳ	Ⅴ	Ⅴ	Ⅳ	Ⅳ
北干河	石坝头桥	Ⅲ	Ⅲ	Ⅲ	Ⅰ	Ⅲ	Ⅲ	Ⅲ
中干河	张河港桥	Ⅲ	Ⅲ	Ⅳ	Ⅲ	Ⅴ	Ⅲ	Ⅲ
太滆运河	良久大桥	Ⅲ	Ⅲ	Ⅲ	Ⅳ	Ⅴ	Ⅲ	Ⅳ
	黄埝桥	Ⅲ	Ⅲ	Ⅲ	Ⅲ	Ⅴ	Ⅲ	Ⅲ
武进港	戴溪桥	Ⅲ	Ⅳ	Ⅲ	Ⅲ	Ⅴ	Ⅲ	Ⅲ
武南河	鸣凰桥	/	/	/	/	/	/	/
武宜运河	新 312 国道桥	Ⅲ	Ⅲ	Ⅲ	Ⅲ	Ⅲ	Ⅲ	Ⅲ
	万塔桥	Ⅲ	Ⅳ	Ⅳ	Ⅲ	Ⅴ	Ⅳ	Ⅳ
	钟溪大桥	Ⅲ	Ⅳ	Ⅳ	Ⅳ	Ⅴ	Ⅳ	Ⅳ
新武宜运河	新武宜河大桥	Ⅲ	Ⅲ	Ⅲ	Ⅲ	Ⅴ	Ⅲ	Ⅲ
锡溧漕河	华渡桥	Ⅲ	Ⅲ	Ⅳ	Ⅳ	Ⅴ	Ⅲ	Ⅳ
	分庄桥	Ⅲ	Ⅲ	Ⅳ	Ⅳ	Ⅴ	Ⅲ	Ⅳ
	武宜大桥	Ⅲ	Ⅰ	Ⅳ	Ⅲ	Ⅴ	Ⅲ	Ⅲ
永安河	前黄桥	Ⅲ	Ⅲ	Ⅳ	Ⅳ	Ⅴ	Ⅴ	Ⅴ
漕桥河	漕桥	Ⅲ	Ⅲ	Ⅳ	Ⅲ	Ⅴ	Ⅳ	Ⅳ
殷村港	殷村口	Ⅲ	Ⅰ	Ⅲ	Ⅲ	Ⅴ	Ⅲ	Ⅱ
烧香港	棉堤桥	Ⅲ	Ⅰ	Ⅲ	Ⅲ	Ⅴ	Ⅱ	Ⅱ

表 3.1.6　2010 年 5 月研究区域水系水环境质量评价结果

河流名称	监测断面	水质类别						
		pH	DO	COD_{Mn}	TP	NH_3-N	BOD_5	COD
湟里河	四号桥	Ⅲ	Ⅳ	Ⅳ	Ⅴ	Ⅴ	Ⅴ	Ⅳ
北干河	湖头桥	Ⅲ	Ⅰ	Ⅲ	Ⅱ	Ⅱ	Ⅴ	Ⅴ
中干河	蒋庄	Ⅲ	Ⅲ	Ⅳ	Ⅲ	Ⅲ	Ⅴ	Ⅴ
扁担河	厚余桥	Ⅲ	Ⅳ	Ⅲ	Ⅲ	Ⅲ	Ⅲ	Ⅲ
孟津河	孟津河大桥	Ⅲ	Ⅲ	Ⅲ	Ⅲ	Ⅳ	Ⅲ	Ⅲ
夏溪河	河头集镇西	Ⅲ	Ⅳ	Ⅴ	Ⅴ	Ⅴ	Ⅴ	Ⅴ
	太平桥	Ⅲ	Ⅴ	Ⅴ	Ⅴ	Ⅴ	Ⅴ	Ⅴ
夏溪河	嘉泽桥	Ⅲ	Ⅳ	Ⅳ	Ⅴ	Ⅴ	Ⅳ	Ⅳ
成章河	成章桥	Ⅲ	Ⅲ	Ⅳ	Ⅴ	Ⅴ	Ⅳ	Ⅳ
湟里河	三号桥	Ⅲ	Ⅳ	Ⅳ	Ⅴ	Ⅴ	Ⅳ	Ⅴ
	湟里桥	Ⅲ	Ⅲ	Ⅳ	Ⅴ	Ⅴ	Ⅳ	Ⅳ
北干河	石坝头桥	Ⅲ	Ⅳ	Ⅲ	Ⅲ	Ⅳ	Ⅲ	Ⅲ
中干河	张河港桥	Ⅲ	Ⅲ	Ⅳ	Ⅱ	Ⅲ	Ⅳ	Ⅳ
太滆运河	良久大桥	Ⅲ	Ⅳ	Ⅲ	Ⅳ	Ⅴ	Ⅲ	Ⅳ
	黄埝桥	Ⅲ	Ⅲ	Ⅲ	Ⅲ	Ⅴ	Ⅲ	Ⅲ
武进港	戴溪桥	Ⅲ	Ⅳ	Ⅲ	Ⅲ	Ⅴ	Ⅲ	Ⅲ
武南河	鸣凰桥	/	/	/	/	/	/	/
武宜运河	新 312 国道桥	Ⅲ	Ⅲ	Ⅲ	Ⅴ	Ⅳ	Ⅱ	Ⅲ
	万塔桥	Ⅲ	Ⅲ	Ⅲ	Ⅴ	Ⅲ	Ⅱ	Ⅲ
	钟溪大桥	Ⅲ	Ⅳ	Ⅳ	Ⅳ	Ⅳ	Ⅲ	Ⅳ
新武宜运河	新武宜河大桥	Ⅲ	Ⅲ	Ⅲ	Ⅴ	Ⅳ	Ⅲ	Ⅲ
锡溧漕河	华渡桥	Ⅲ	Ⅳ	Ⅲ	Ⅲ	Ⅴ	Ⅲ	Ⅳ
	分庄桥	Ⅲ	Ⅳ	Ⅳ	Ⅴ	Ⅴ	Ⅲ	Ⅳ
	武宜大桥	Ⅲ	Ⅰ	Ⅲ	Ⅳ	Ⅳ	Ⅲ	Ⅲ
永安河	前黄桥	/	/	/	/	/	/	/
漕桥河	漕桥	Ⅲ	Ⅳ	Ⅲ	Ⅴ	Ⅳ	Ⅱ	Ⅲ
殷村港	殷村口	Ⅲ	Ⅱ	Ⅲ	Ⅳ	Ⅲ	Ⅲ	Ⅲ
烧香港	棉堤桥	Ⅲ	Ⅰ	Ⅳ	Ⅲ	Ⅱ	Ⅳ	Ⅳ

表 3.1.7　2010 年 7 月研究区域水系水环境质量评价结果

河流名称	监测断面	水质类别						
		pH	DO	COD_{Mn}	TP	NH_3-N	BOD_5	COD
湟里河	四号桥	Ⅲ	Ⅴ	Ⅲ	Ⅴ	Ⅴ	Ⅳ	Ⅳ
北干河	湖头桥	Ⅲ	Ⅳ	Ⅲ	Ⅲ	Ⅳ	Ⅴ	Ⅴ
中干河	蒋庄	Ⅲ	Ⅳ	Ⅲ	/	Ⅲ	Ⅳ	/
扁担河	厚余桥	Ⅲ	Ⅱ	Ⅲ	Ⅲ	Ⅲ	Ⅲ	Ⅲ
孟津河	孟津河大桥	Ⅲ	Ⅳ	Ⅲ	Ⅲ	Ⅲ	Ⅲ	Ⅲ
夏溪河	河头集镇西	Ⅲ	Ⅳ	Ⅳ	Ⅴ	Ⅴ	Ⅳ	Ⅳ
	太平桥	Ⅲ	Ⅴ	Ⅳ	Ⅴ	Ⅴ	Ⅴ	Ⅳ
夏溪河	嘉泽桥	Ⅲ	Ⅱ	Ⅳ	Ⅴ	Ⅴ	Ⅳ	Ⅳ
成章河	成章桥	Ⅲ	Ⅱ	Ⅳ	Ⅴ	Ⅳ	Ⅳ	Ⅳ
湟里河	三号桥	Ⅲ	Ⅳ	Ⅳ	Ⅳ	Ⅳ	Ⅳ	Ⅳ
	湟里桥	Ⅲ	Ⅲ	Ⅳ	Ⅲ	Ⅲ	Ⅲ	Ⅳ
北干河	石坝头桥	Ⅲ	Ⅲ	Ⅲ	Ⅲ	Ⅲ	Ⅲ	Ⅲ
中干河	张河港桥	Ⅲ	Ⅲ	Ⅲ	Ⅲ	Ⅲ	Ⅲ	Ⅲ
太滆运河	良久大桥	Ⅲ	Ⅳ	Ⅲ	Ⅲ	Ⅲ	Ⅲ	Ⅲ
	黄埝桥	Ⅲ	Ⅲ	Ⅲ	Ⅲ	Ⅴ	Ⅲ	Ⅲ
武进港	戴溪桥	Ⅲ	Ⅱ	Ⅲ	Ⅲ	Ⅳ	Ⅲ	Ⅲ
武南河	鸣凰桥	Ⅲ	Ⅲ	Ⅲ	Ⅱ	Ⅳ	Ⅲ	Ⅳ
武宜运河	新 312 国道桥	Ⅲ	Ⅲ	Ⅲ	Ⅲ	Ⅲ	Ⅱ	Ⅲ
	万塔桥	Ⅲ	Ⅲ	Ⅱ	Ⅲ	Ⅲ	Ⅲ	Ⅳ
	钟溪大桥	Ⅲ	Ⅳ	Ⅲ	Ⅲ	Ⅴ	Ⅲ	Ⅳ
新武宜运河	新武宜河大桥	Ⅲ	Ⅲ	Ⅲ	Ⅴ	Ⅳ	Ⅲ	Ⅲ
锡溧漕河	华渡桥	Ⅲ	Ⅳ	Ⅲ	Ⅲ	Ⅳ	Ⅲ	Ⅳ
	分庄桥	Ⅲ	Ⅳ	Ⅲ	Ⅲ	Ⅴ	Ⅲ	Ⅳ
	武宜大桥	Ⅲ	Ⅰ	Ⅳ	Ⅲ	Ⅱ	Ⅳ	Ⅳ
永安河	前黄桥	Ⅲ	Ⅲ	Ⅲ	Ⅳ	Ⅳ	Ⅲ	Ⅴ
漕桥河	漕桥	Ⅲ	Ⅳ	Ⅲ	Ⅲ	Ⅲ	Ⅴ	Ⅳ
殷村港	殷村口	Ⅲ	Ⅳ	Ⅳ	Ⅲ	Ⅲ	Ⅳ	Ⅳ
烧香港	棉堤桥	Ⅲ	Ⅳ	Ⅳ	Ⅲ	Ⅳ	Ⅴ	Ⅳ

3.1.3 滆湖水环境质量变化趋势分析

2006—2010年，滆湖的湖北区、太滆河口区、北干河口区、湖南区等4个监测点位的溶解氧年均值为5.86～7.82 mg/L，均满足《地表水环境质量标准》(GB 3838—2002)Ⅲ类水质标准要求，2009年和2010年湖体的溶解氧有一定的下降，比2008年下降了约14%，见图3.1.8。

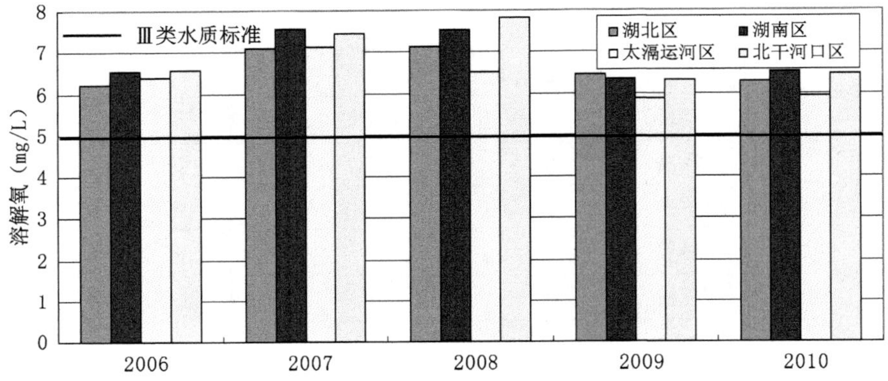

图 3.1.8 滆湖水体中溶解氧年均值变化情况

2006—2010年，滆湖4个监测点位的高锰酸盐指数年均值为5.37～6.88 mg/L，呈现一定的上升趋势，除2008年和2010年湖南区和湖北区的高锰酸盐指数达到Ⅳ类水质标准外，其余均满足Ⅲ类水质标准要求，见图3.1.9。

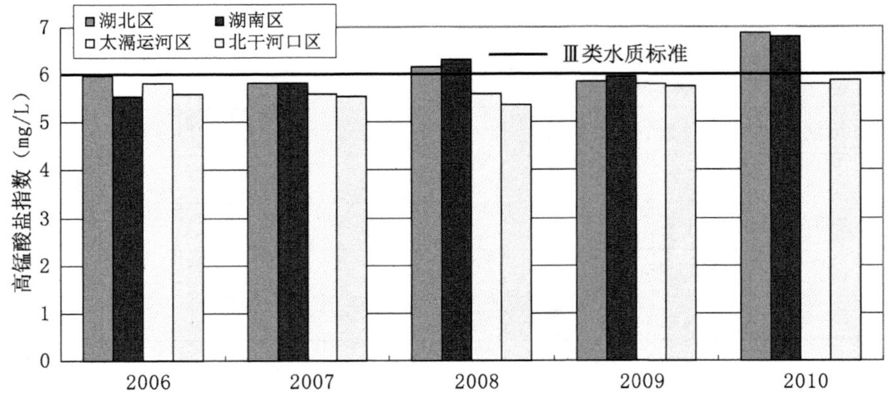

图 3.1.9 滆湖水体中高锰酸盐指数年均值变化情况

2006—2010 年，滆湖水体中 COD 浓度年均值为 17.18～28.85 mg/L，基本上呈现一定的下降趋势，其中 2009 年和 2010 年基本达到Ⅲ类水质标准，而 2006—2008 年不能完全满足水功能区划要求，但是均能达到Ⅳ类水质标准，见图 3.1.10。

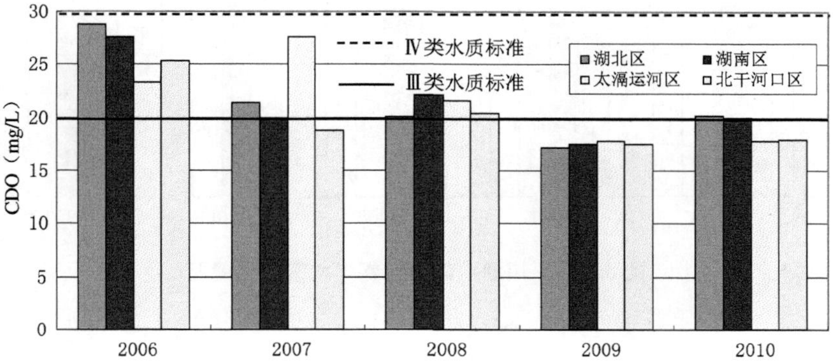

图 3.1.10　滆湖水体中 COD 年均值变化情况

2006—2010 年，滆湖 4 个监测点位中五日生化需氧量（BOD_5）年均值均能达到Ⅲ类水质标准要求，其中 2009 年和 2010 年的年均值略有上升，见图 3.1.11；4 个监测点位中氨氮年均值均能达到Ⅲ类水质标准要求，未呈现明显的变化趋势，见图 3.1.12。滆湖总氮未能达到Ⅲ类水质目标要求，其中 2010 年总氮年均值最低，达到Ⅳ类水质标准，而 2006—2009 年基本上都是Ⅴ类水质，见图 3.1.13。

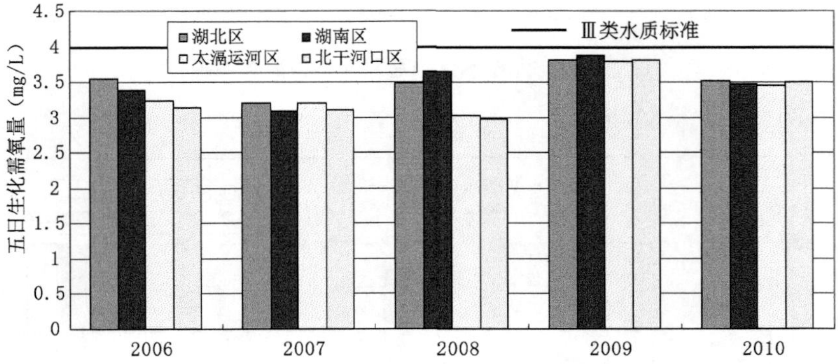

图 3.1.11　滆湖水体中 BOD_5 年均值变化情况

2006—2010 年，滆湖水体中总磷年均值呈现上升趋势，由 2006 年的 0.094 mg/L 上升到 2010 年的 0.116 mg/L，2008—2010 年湖体总磷基本上处于Ⅳ至Ⅴ类之间，最大值达到 0.152 mg/L，见图 3.1.14。

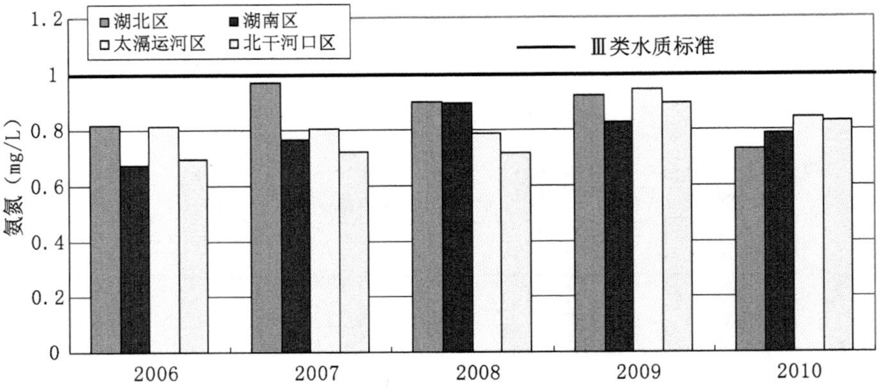

图 3.1.12　漏湖水体中氨氮年均值变化情况

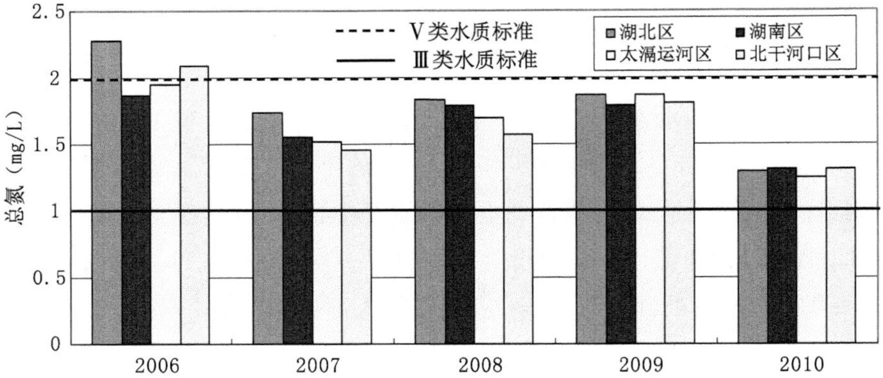

图 3.1.13　漏湖水体中总氮年均值变化情况

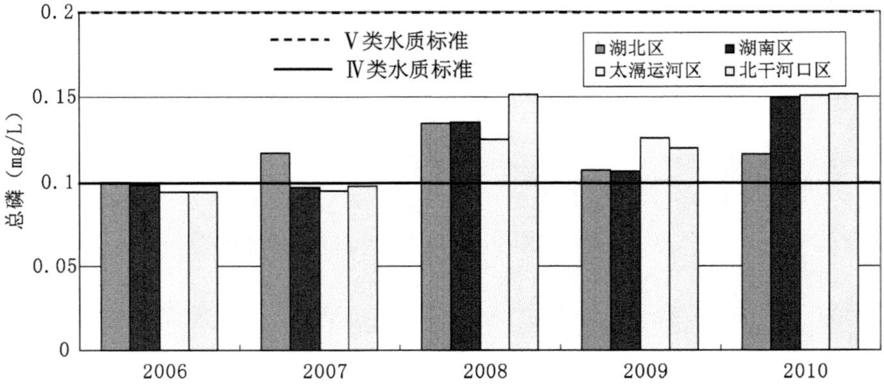

图 3.1.14　漏湖水体中总磷年均值变化情况

2006—2010 年，滆湖 4 个监测点位中叶绿素 a 年均值为 0.024～0.058 mg/L，自 2008 年以来，基本呈下降趋势，2010 年全湖叶绿素 a 平均值为 0.029 mg/L，见图 3.1.15。

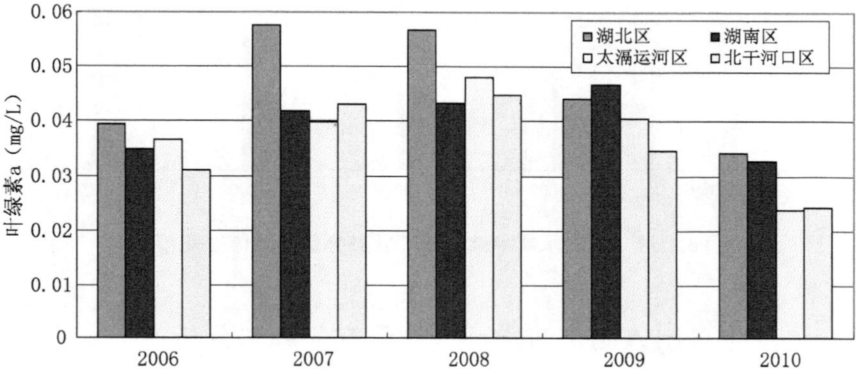

图 3.1.15　滆湖水体中叶绿素 a 年均值变化情况

2006—2010 年，滆湖透明度为 33.75～56.67 cm，其中 2006 年最高，全湖均值达到 54.63 cm，2008 年最低，仅为 35.17 cm，见图 3.1.16。

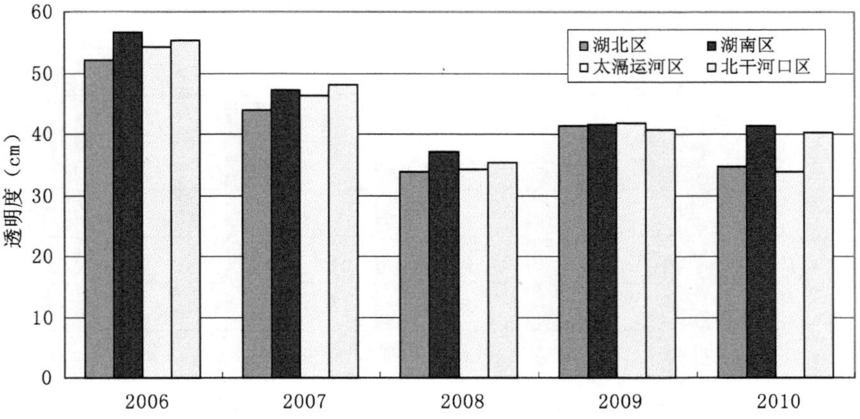

图 3.1.16　滆湖水体中透明度年均值变化情况

2006—2010 年，滆湖综合营养状态指数为 59.21～63.87 cm，其中 2006 年和 2007 年湖南区、太滆运河区和北干河口区的综合营养状态指数小于 60，处于轻度富营养化水平，其余的综合营养状态指数均大于 60，处于中度富营养化水平，见图 3.1.17。

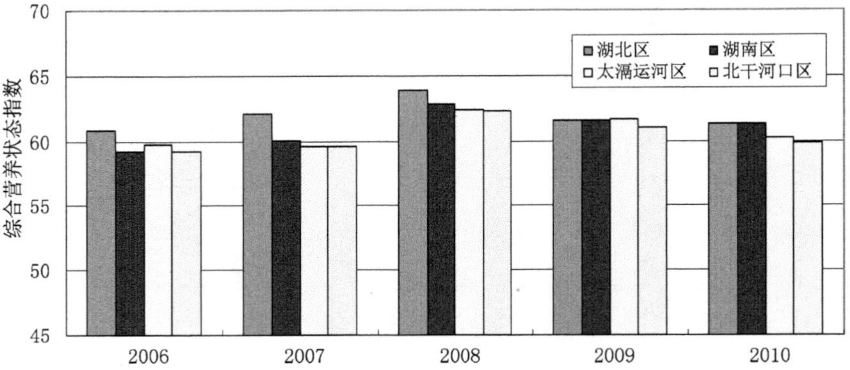

图 3.1.17　滆湖水体中综合营养状态指数年均值变化情况

3.1.4　滆湖主要出入湖河流水环境质量变化趋势分析

3.1.4.1　扁担河

对扁担河 2006—2010 年主要水质指标进行分析，结果如下：

① 水体中溶解氧的年均值为 4.15～5.28 mg/L，其中 2006 年溶解氧较高，达到Ⅲ类水质标准，2007 年和 2008 年浓度较低，但是满足Ⅳ类水质标准要求，见图 3.1.18。

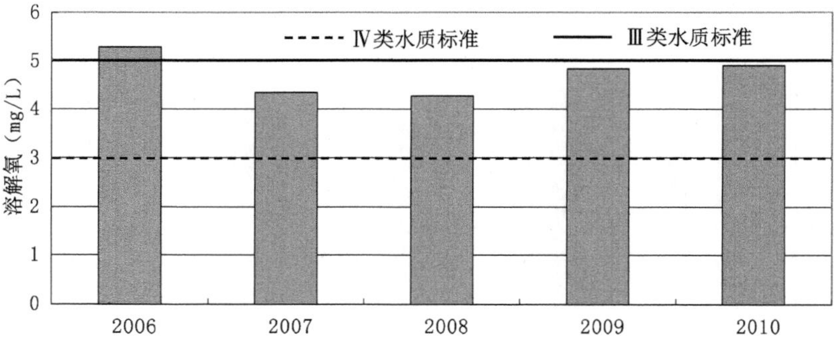

图 3.1.18　扁担河水体中溶解氧年均值变化情况

② 高锰酸盐指数年均值为 4.85～5.99 mg/L，均满足Ⅲ类水质标准要求，2006—2008 年，呈逐年下降的趋势，2008 年后呈上升的趋势，见图 3.1.19。

③ COD 年均值基本呈下降趋势，由 2006 年的 31.35 mg/L 下降到 2010 年的 19.95 mg/L，2008 年和 2010 年达到Ⅲ类水质标准，2007 年和 2009 年达到Ⅳ类水质标准，见图 3.1.20。

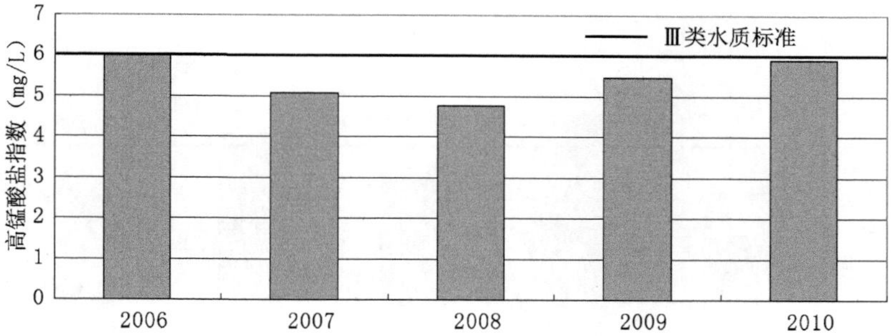

图 3.1.19　扁担河水体中高锰酸盐指数年均值变化情况

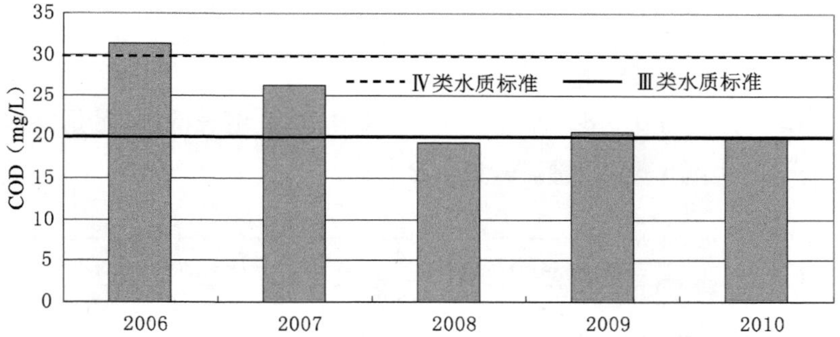

图 3.1.20　扁担河水体中 COD 年均值变化情况

④ 五日生化需氧量年均值先呈下降趋势，而后又逐年上升，2006—2009 年其年均值满足Ⅲ类水质标准要求，而 2010 年达到 4.12 mg/L，达到Ⅳ类水质标准，见图 3.1.21。

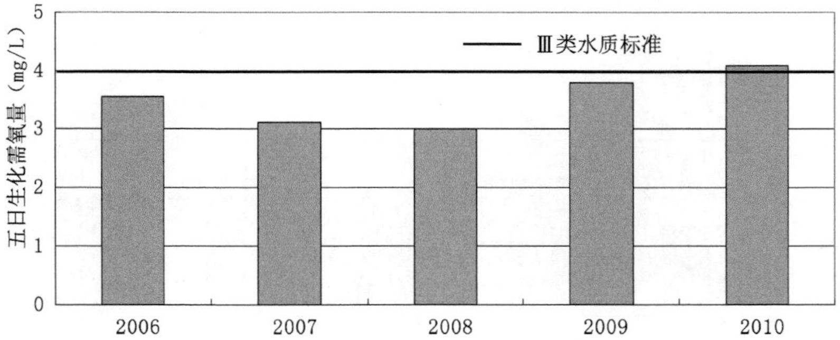

图 3.1.21　扁担河水体中五日生化需氧量年均值变化情况

⑤ 氨氮年均值为 0.83～1.12 mg/L，2007 年和 2009 年达到Ⅳ类水质标准，其

余年份均能满足Ⅲ类水质标准要求，见图 3.1.22。

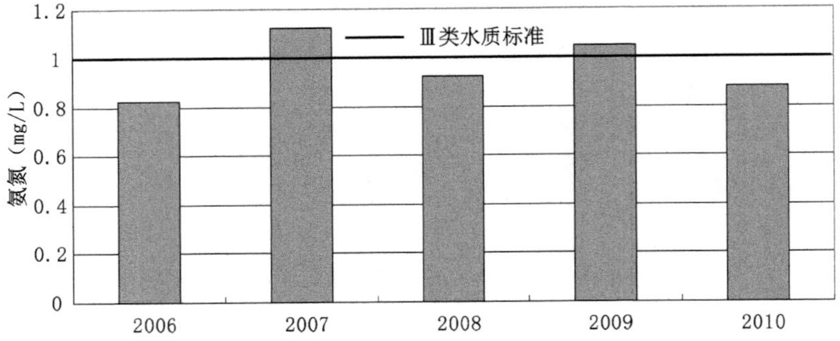

图 3.1.22　扁担河水体中氨氮年均值变化情况

⑥ 总磷年均值为 0.148～0.247 mg/L，其中 2007 年最低，满足Ⅲ类水质标准要求，其余年份达到Ⅳ类水质标准，见图 3.1.23。

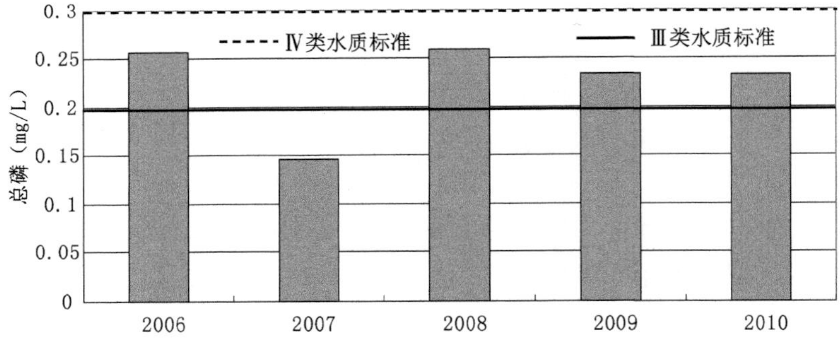

图 3.1.23　扁担河水体中总磷年均值变化情况

⑦ 总氮年均值为 1.77～2.17 mg/L，未呈明显的变化规律，见图 3.1.24。

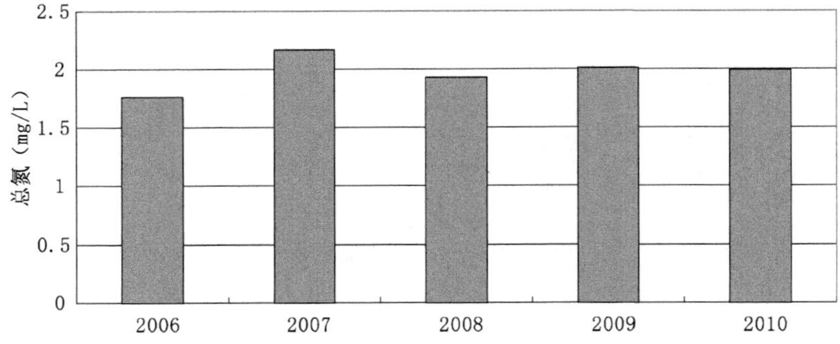

图 3.1.24　扁担河水体中总氮年均值变化情况

3.1.4.2 夏溪河

对夏溪河2006—2010年主要水质指标进行分析，结果如下：

① 水体中溶解氧的年均值为3.58～4.90 mg/L，自2007年以后，溶解氧年均值呈明显的上升趋势，但是均未达到Ⅲ类水质标准，只满足Ⅳ类水质标准要求，见图3.1.25。

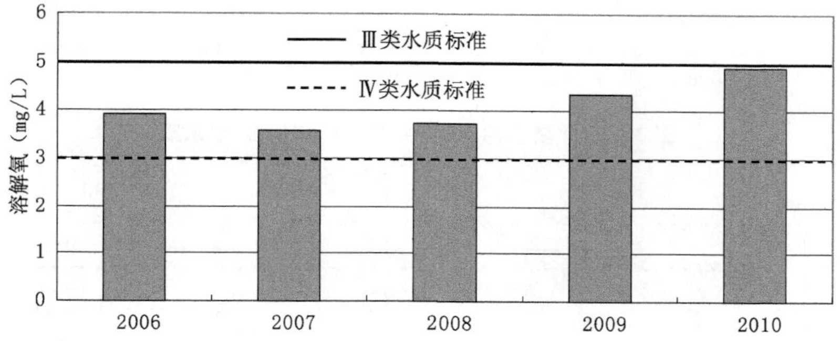

图3.1.25　夏溪河水体中溶解氧年均值变化情况

② 高锰酸盐指数年均值为6.05～6.65 mg/L，变化幅度较小，2009年和2010年浓度较低，但是均超过了Ⅲ类水质标准，只满足Ⅳ类水质标准要求，见图3.1.26。

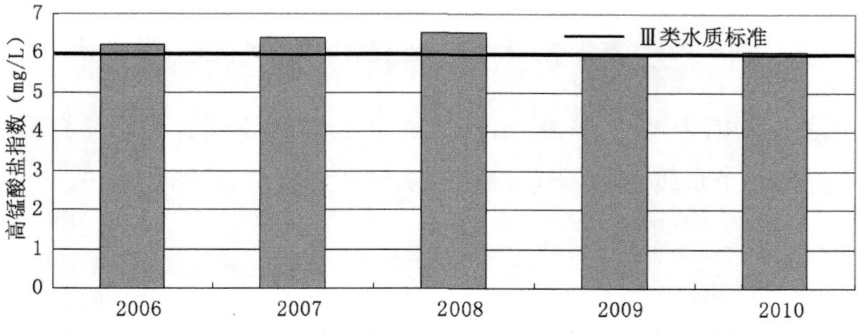

图3.1.26　夏溪河水体中高锰酸盐指数年均值变化情况

③ COD年均值为24.10～29.95 mg/L，均达到Ⅳ类水质标准，自2008年以来，呈明显的下降趋势，见图3.1.27。

④ 五日生化需氧量年均值为5.36～6.39 mg/L，其中2006和2007年浓度较高，达到Ⅴ类水质标准，而2008—2010年浓度较低，可以达到Ⅳ类水质标准，满足水功能区划要求，见图3.1.28。

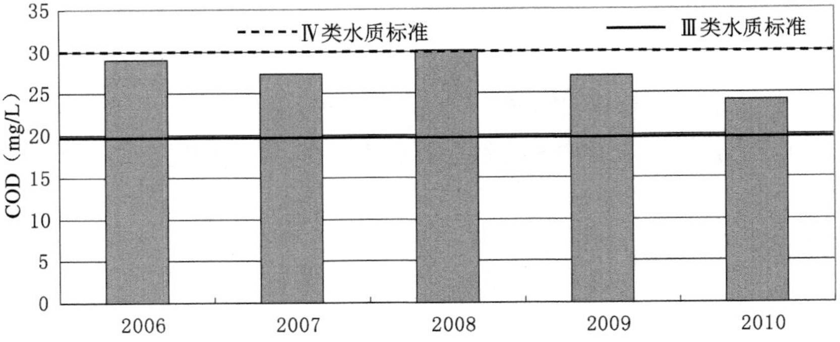

图 3.1.27　夏溪河水体中 COD 年均值变化情况

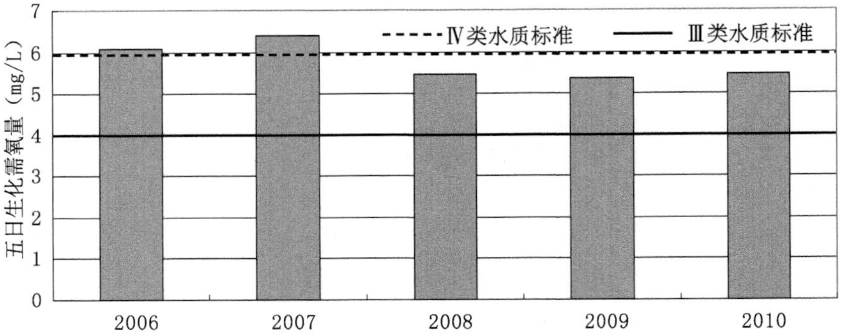

图 3.1.28　夏溪河水体中五日生化需氧量年均值变化情况

⑤ 氨氮年均值为 1.35～1.97 mg/L，其中 2009 年满足Ⅳ类水质标准要求，其余年份均达到Ⅴ类水质标准，不能满足水功能区划要求，见图 3.1.29。

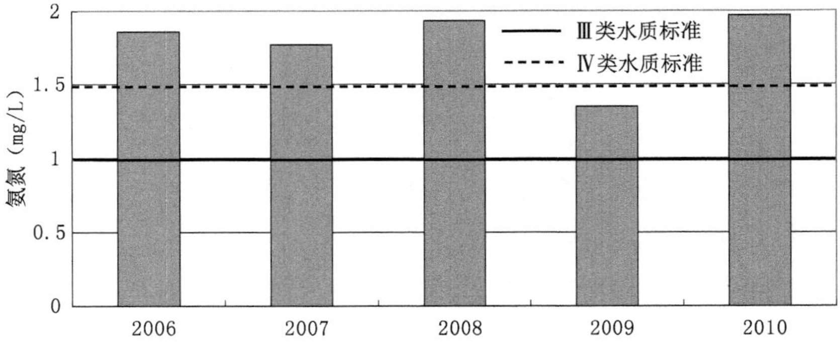

图 3.1.29　夏溪河水体中氨氮年均值变化情况

⑥ 总磷年均值呈明显的下降趋势，由 2006 年的 2.01 mg/L 下降到 2010 年的 0.19 mg/L，2009 年和 2010 年达到Ⅳ类水质标准，而 2006—2008 年达到了Ⅴ类水质标准，均不能满足水功能区划要求，见图 3.1.30。

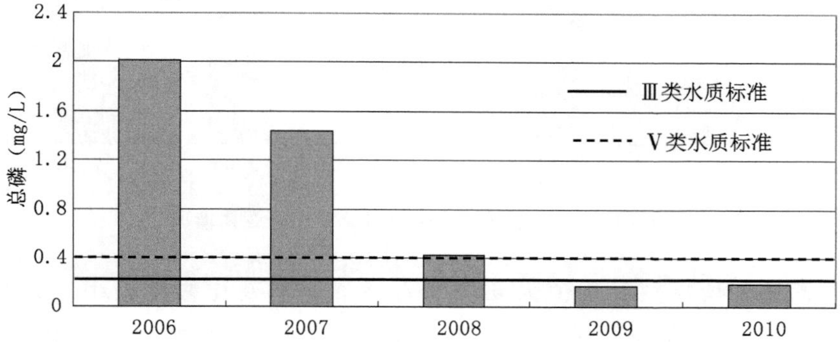

图 3.1.30 夏溪河水体中总磷年均值变化情况

⑦ 水体总氮浓度较高，2007 年浓度最高，达到 9.73 mg/L，随后呈明显下降趋势，2010 年下降至 2.35 mg/L，见图 3.1.31。

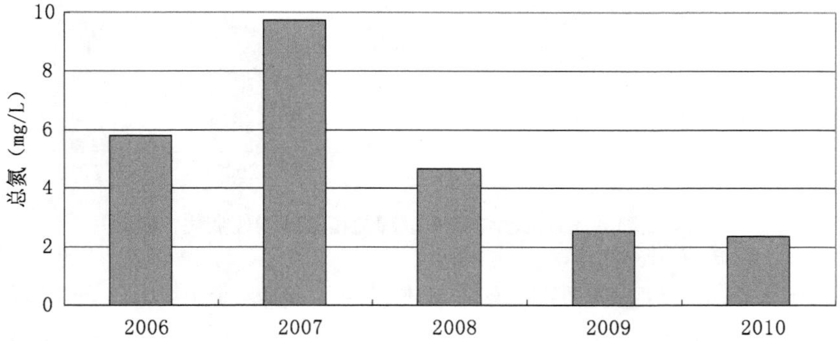

图 3.1.31 夏溪河水体中总氮年均值变化情况

3.1.4.3 成章河

对成章河 2006—2010 年主要水质指标进行分析，结果如下：

① 水体中溶解氧年均值呈明显的上升趋势，由 2006 年的 2.38 mg/L 上升至 4.90 mg/L，2006 年达到Ⅴ类水质标准，不能满足水功能区划要求，其余年份均满足Ⅳ类水质目标要求，见图 3.1.32。

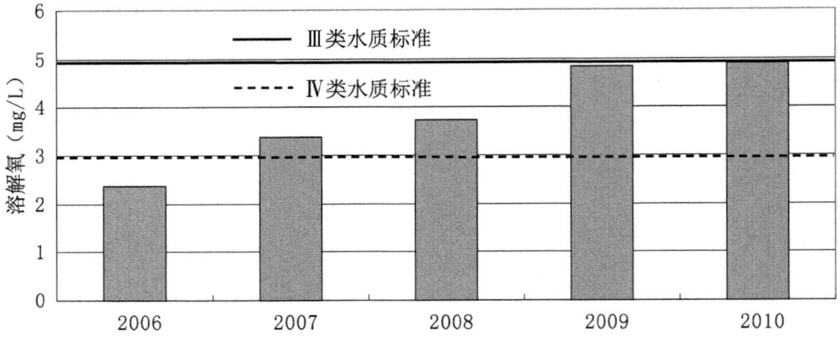

图 3.1.32　成章河水体中溶解氧年均值变化情况

② 高锰酸盐指数年均值为 6.05～7.65 mg/L，变化幅度较小，2008 年和 2010 年浓度较低，但是均超过了Ⅲ类水质标准，只满足Ⅳ类水质标准要求，见图3.1.33。

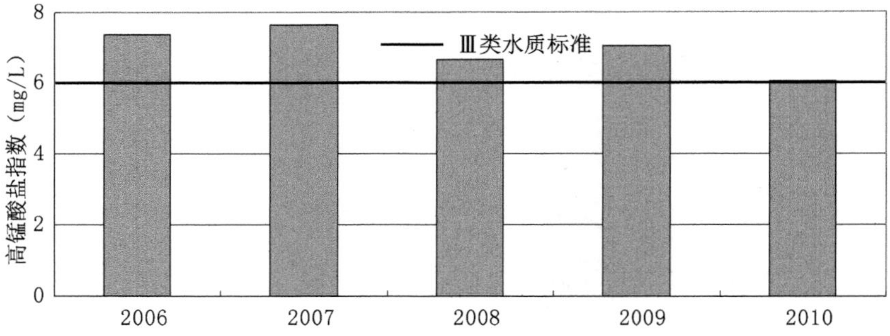

图 3.1.33　成章河水体中高锰酸盐指数年均值变化情况

③ 自 2006 年以后，COD 年均值基本呈下降趋势，其中 2010 年有所反弹，2006—2008 年达到Ⅴ类水质标准，不能满足水功能区划要求，其余年份均满足Ⅳ类水质目标要求，见图 3.1.34。

④ 五日生化需氧量年均值为 3.92～5.48 mg/L，其中 2007 年浓度最低，达到Ⅲ类水质标准，其余年份达到Ⅳ类水质标准，均满足水功能区划要求，见图3.1.35。

⑤ 氨氮基本呈明显的下降趋势，2008 年和 2010 年均达到Ⅴ类水质标准，其余年份均超过Ⅴ类水质标准，2006—2010 年均不能满足水功能区划要求，见图 3.1.36。

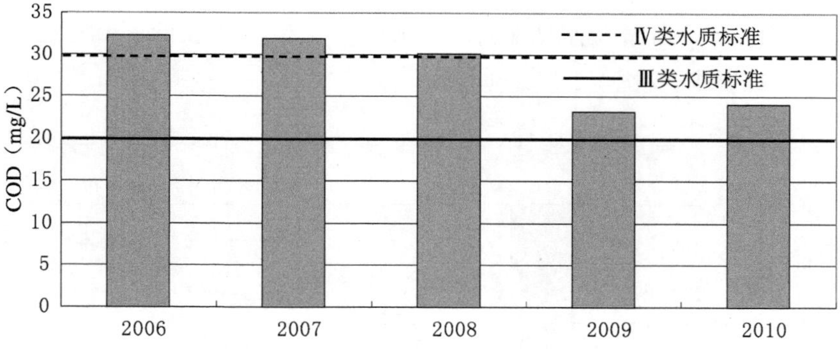

图 3.1.34　成章河水体中 COD 年均值变化情况

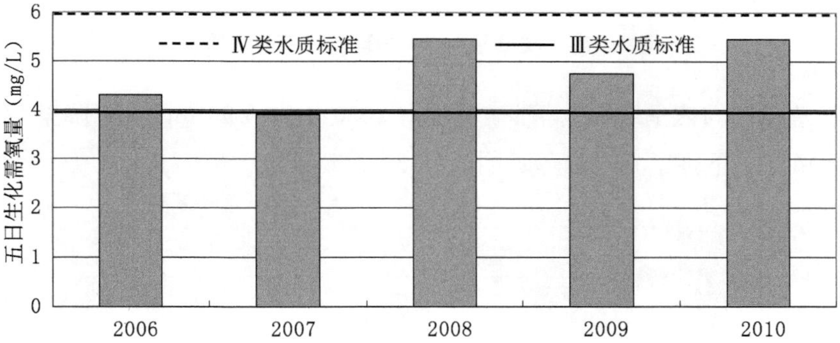

图 3.1.35　成章河水体中五日生化需氧量年均值变化情况

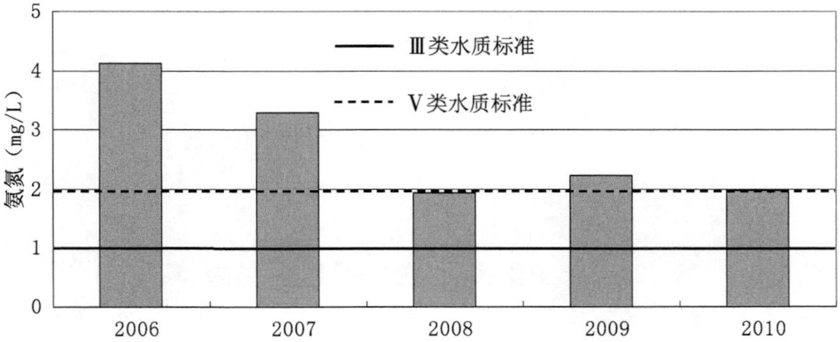

图 3.1.36　成章河水体中氨氮年均值变化情况

⑥ 总磷年均值 0.195～0.803 mg/L，其中 2007—2009 年浓度值较高，均超过了Ⅴ类水质标准，不能满足水功能要求，2006 年和 2010 年较低，分别达到Ⅳ类和Ⅲ类水质标准要求，见图 3.1.37。

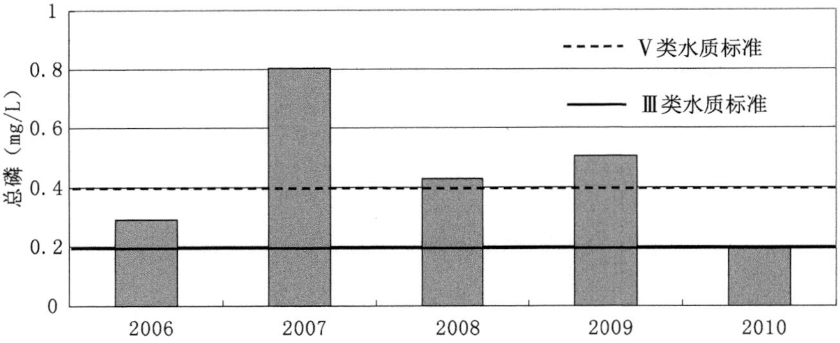

图 3.1.37　成章河水体中总磷年均值变化情况

⑦ 总氮年均值呈明显的下降趋势，由 2006 年的 5.93 mg/L 下降至 2010 年的 2.35 mg/L，下降了 60.37%，见图 3.1.38。

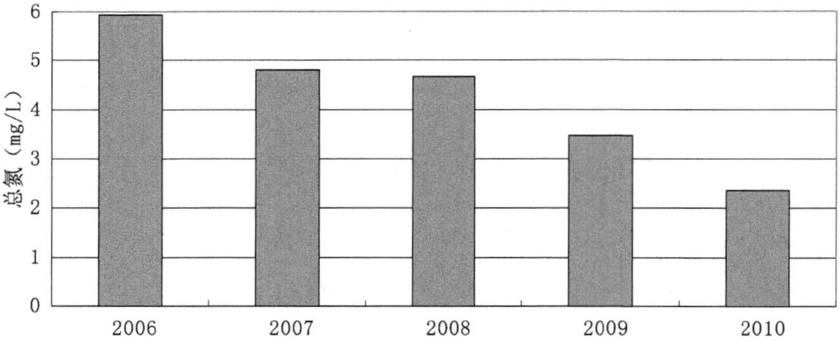

图 3.1.38　成章河水体中总氮年均值变化情况

3.1.4.4　湟里河

对湟里河 2006—2010 年主要水质指标进行分析，结果如下：

① 水体中溶解氧的年均值为 3.14～5.34 mg/L，其中 2008 年溶解氧较高，达到Ⅲ类水质标准，其余年份均满足Ⅳ类水质标准要求，见图 3.1.39。

② 高锰酸盐指数年均值为 6.72～7.75 mg/L，均达到满足Ⅳ类水质标准，满足水功能区划要求，见图 3.1.40。

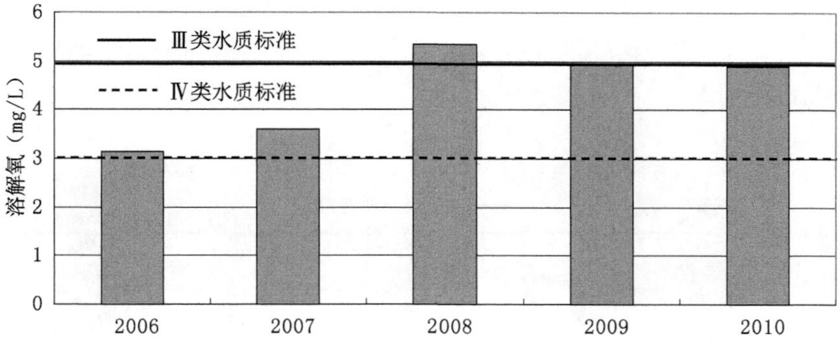

图 3.1.39 湟里河水体中溶解氧年均值变化情况

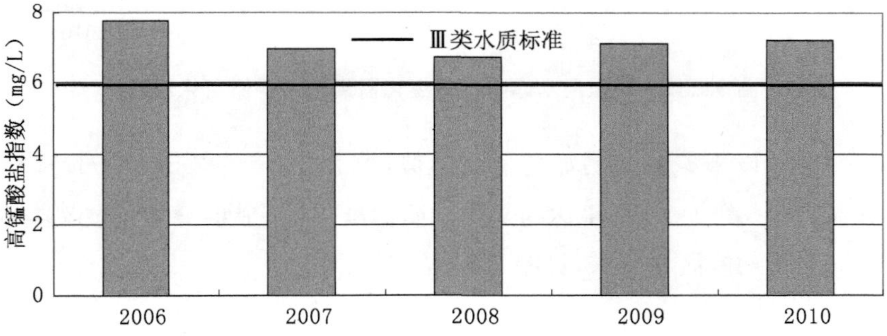

图 3.1.40 湟里河水体中高锰酸盐指数年均值变化情况

③ COD 年均值呈明显的下降趋势，由 2006 年的 40.23 mg/L 下降到 2010 年的 22.10 mg/L，2006 年和 2007 年达到Ⅴ类水质标准，不能满足水功能区划要求，其余年份均满足Ⅳ类水质目标要求，见图 3.1.41。

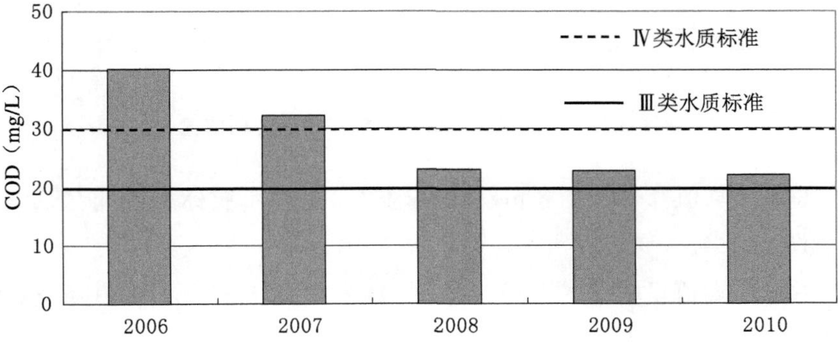

图 3.1.41 湟里河水体中 COD 年均值变化情况

④ 五日生化需氧量年均值为 3.23～4.99 mg/L，自 2007 年以后呈上升趋势，除 2007 年达到Ⅲ类水质标准外，其余年份达到Ⅳ类水质标准，均满足水功能区划要求，见图 3.1.42。

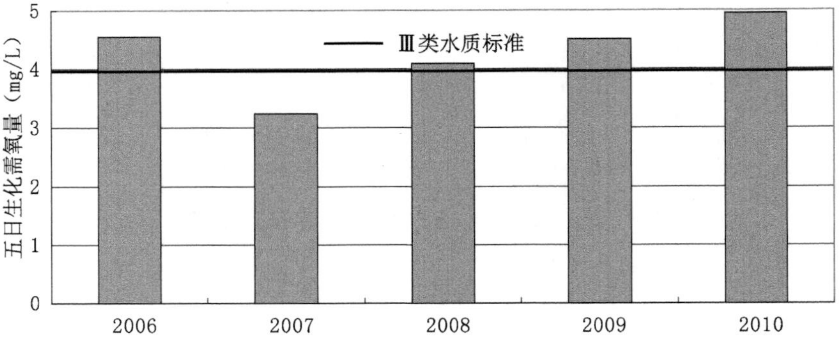

图 3.1.42　湟里河水体中五日生化需氧量年均值变化情况

⑤ 2007 年以来氨氮呈明显的下降趋势，由 2007 年的 3.57 mg/L 降至 2010 年的 1.97 mg/L，除了 2010 年达到Ⅴ类水质标准外，其余年份均超过Ⅴ类水质标准，不能满足水功能区划要求，见图 3.1.43。

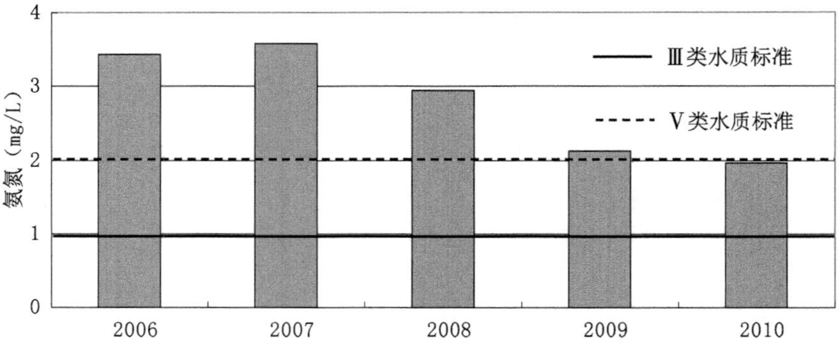

图 3.1.43　湟里河水体中氨氮年均值变化情况

⑥ 总磷年均值 0.46～1.08 mg/L，均超过了Ⅴ类水质标准，不能满足水功能要求，见图 3.1.44。

⑦ 总氮年均值呈明显的下降趋势，由 2006 年的 5.37 mg/L 下降至 2010 年的 3.23 mg/L，下降了 39.85％，见图 3.1.45。

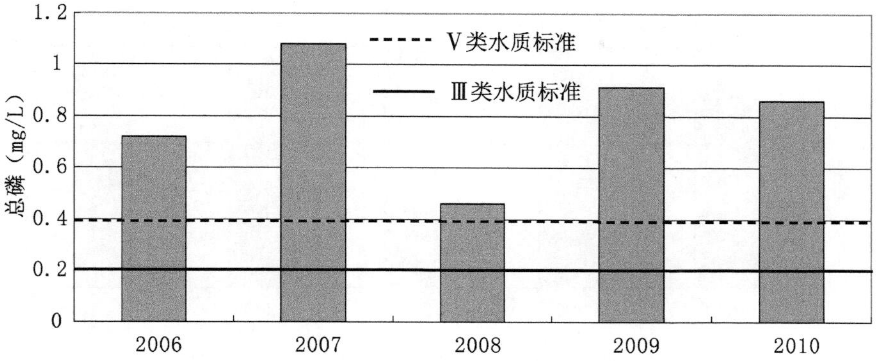

图 3.1.44 湟里河水体中总磷年均值变化情况

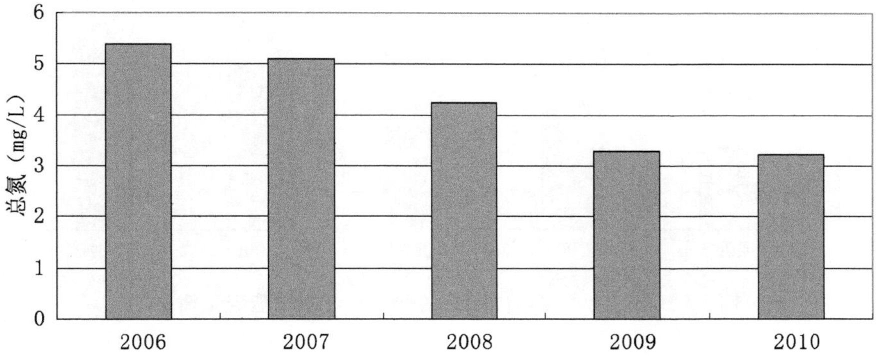

图 3.1.45 湟里河水体中总氮年均值变化情况

3.1.4.5 北干河

对北干河 2006—2010 年主要水质指标进行分析，结果如下：

① 水体中溶解氧的年均值为 4.62～5.71 mg/L，其中 2006—2008 年溶解氧较高，达到Ⅲ类水质标准，其余年份均满足Ⅳ类水质标准要求，见图 3.1.46。

② 高锰酸盐指数年均值为 5.25～5.52 mg/L，变化幅度比较小，均达到Ⅲ类水质标准，满足水功能区划要求，见图 3.1.47。

③ COD 年均值呈明显的下降趋势，由 2006 年的 26.33 g/L 下降到 2010 年的 19.10 mg/L，2009 年和 2010 年达到Ⅲ类水质标准，其余年份均满足Ⅳ类水质目标要求，见图 3.1.48。

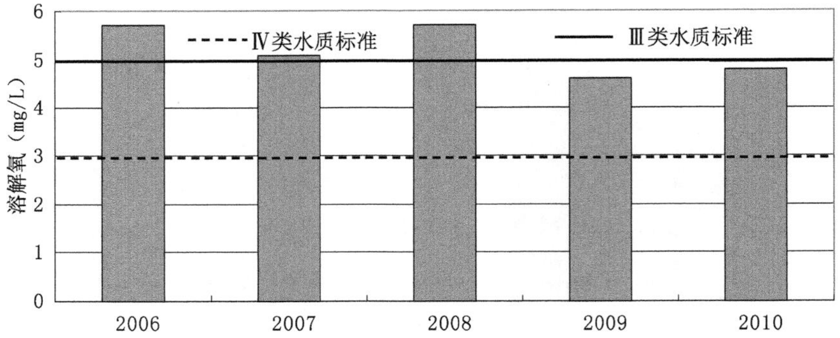

图 3.1.46　北干河水体中溶解氧年均值变化情况

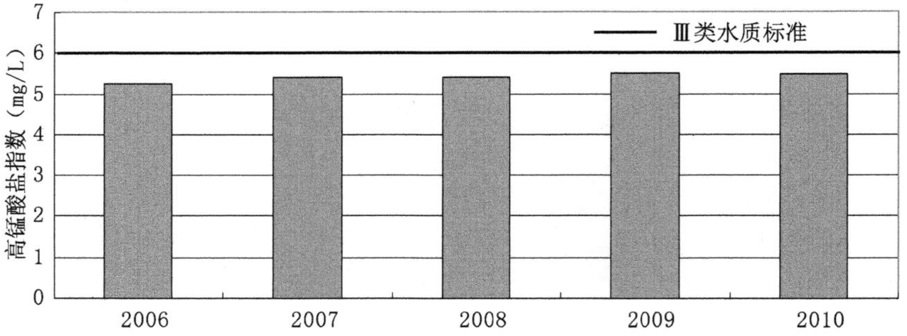

图 3.1.47　北干河水体中高锰酸盐指数年均值变化情况

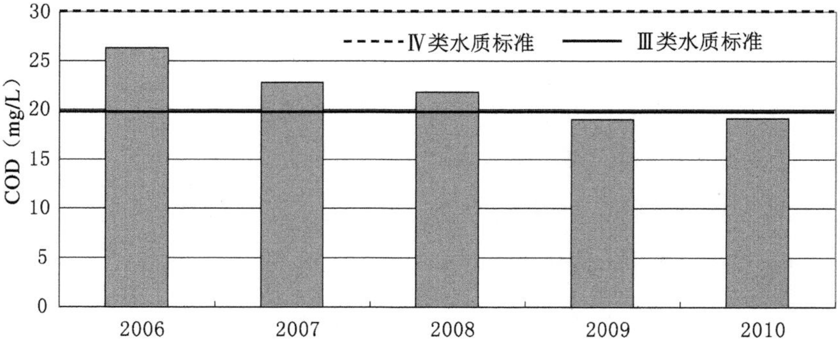

图 3.1.48　北干河水体中 COD 年均值变化情况

④ 五日生化需氧量年均值为 3.03～3.70 mg/L，均达到Ⅲ类水质标准，满足水功能区划要求，见图 3.1.49。

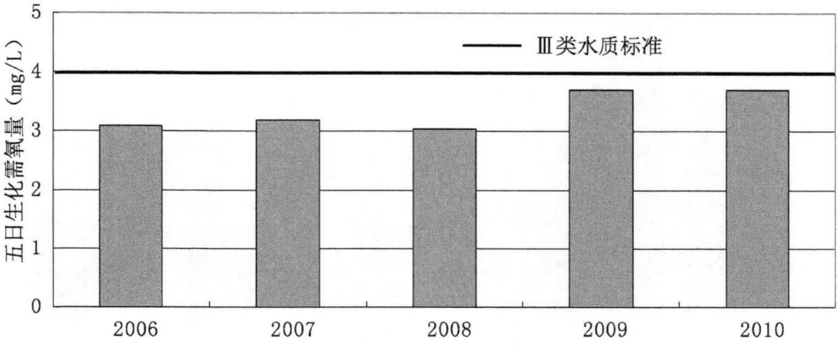

图 3.1.49　北干河水体中五日生化需氧量年均值变化情况

⑤ 氨氮年均值为 0.61～0.81 mg/L，均达到Ⅲ类水质标准，满足水功能区划要求，自 2007 年以来基本呈下降趋势，见图 3.1.50。

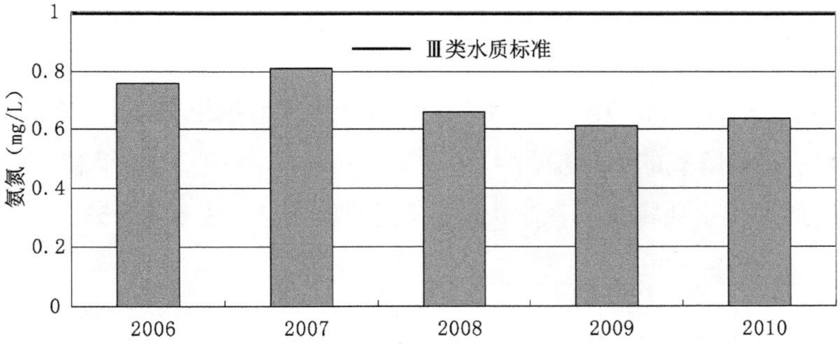

图 3.1.50　北干河水体中氨氮年均值变化情况

⑥ 总磷年均值先呈明显上升趋势，随后呈下降趋势，年均值为 0.125～0.208 mg/L，除 2008 年达到Ⅳ类水质标准外，其余年份均达到Ⅲ类水质标准，能满足水功能要求，见图 3.1.51。

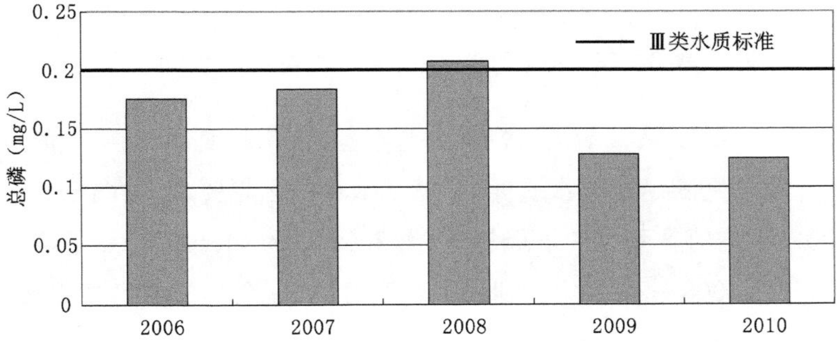

图 3.1.51　北干河水体中总磷年均值变化情况

⑦ 总氮年均值为 1.48～1.84 mg/L，自 2006 年以来，总氮年均值略有下降，见图 3.1.52。

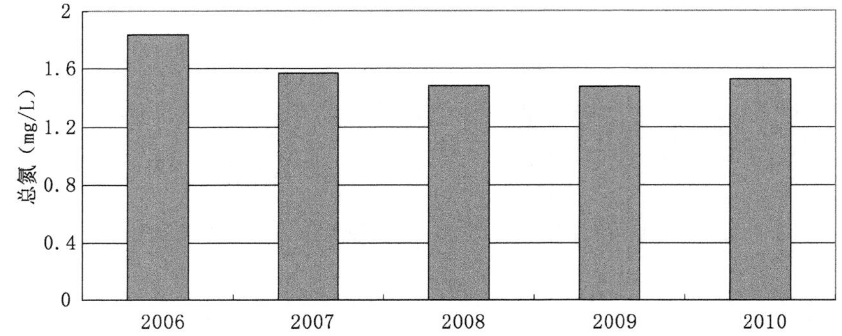

图 3.1.52　北干河水体中总氮年均值变化情况

3.1.4.6　中干河

对中干河 2006—2010 年主要水质指标进行分析，结果如下：

① 水体中溶解氧的年均值为 4.10～5.22 mg/L，其中 2006 年和 2007 年溶解氧较低，达到Ⅳ类水质标准，其余年份均满足Ⅲ类要求，见图 3.1.53。

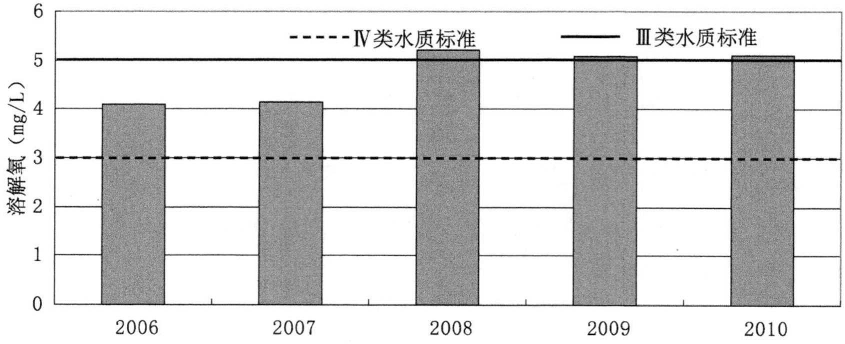

图 3.1.53　中干河水体中溶解氧年均值变化情况

② 自 2006 年以来高锰酸盐指数基本呈下降趋势，其年均值为 6.50～8.70 mg/L，均达到满足Ⅳ类水质标准，满足水功能区划要求，见图 3.1.54。

③ COD 年均值呈明显的下降趋势，由 2006 年的 41.40 mg/L 下降到 2010 年的 21.40 mg/L，2008—2010 年达到Ⅳ类水质目标，其余年份满足Ⅴ类水质标准要求，不能满足水功能区划要求，见图 3.1.55。

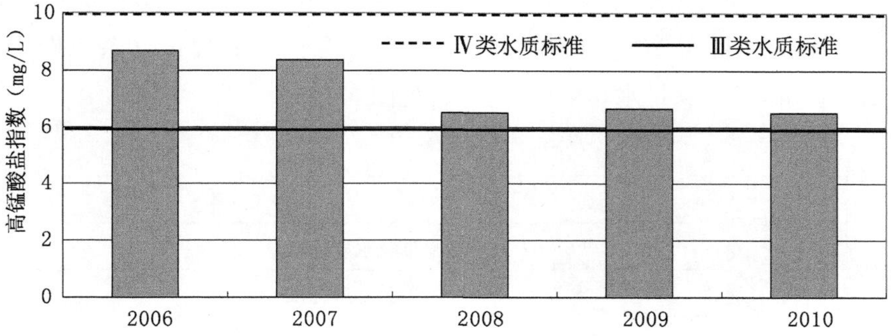

图 3.1.54　中干河水体中高锰酸盐指数年均值变化情况

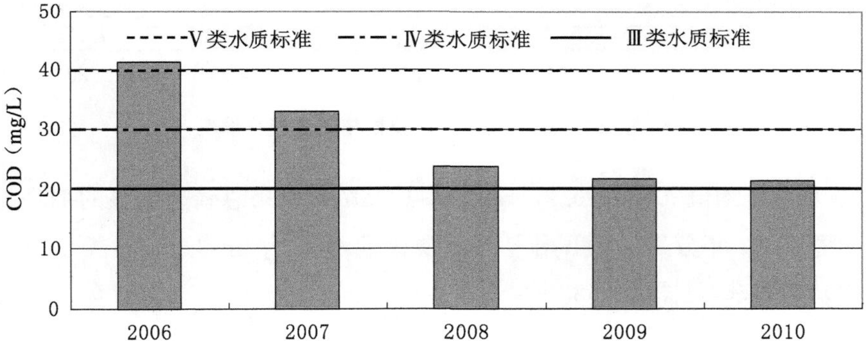

图 3.1.55　中干河水体中 COD 年均值变化情况

④ 五日生化需氧量年均值为 3.92～5.28 mg/L，2006—2008 年呈明显下降趋势，其后又有所上升，除 2008 年达到Ⅲ类水质标准外，其余年份达到Ⅳ类水质标准，均满足水功能区划要求，见图 3.1.56。

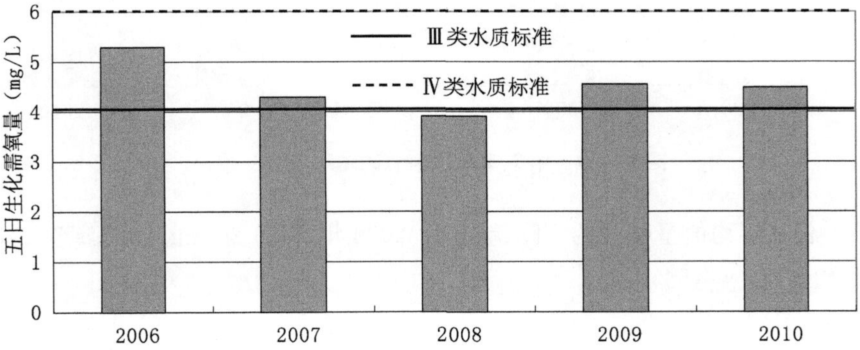

图 3.1.56　中干河水体中五日生化需氧量年均值变化情况

⑤ 2006 年以来氨氮呈明显的下降趋势，由 2006 年的 12.22 mg/L 降至 2010 年的 1.12 mg/L，除了 2009 年和 2010 年达到Ⅳ类水质目标外，其余年份均超过Ⅴ类水质标准，不能满足水功能区划要求，见图 3.1.57。

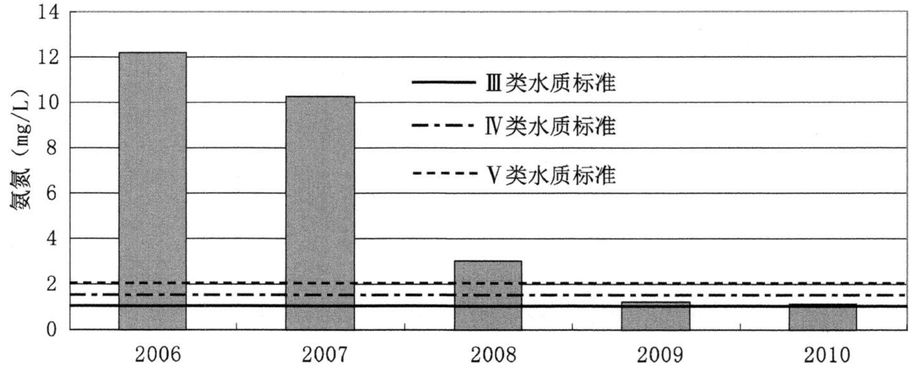

图 3.1.57　中干河水体中氨氮年均值变化情况

⑥ 总磷年均值 0.156～0.336 mg/L，自 2007 年以来总磷呈明显的下降趋势，2006 年和 2007 年分别达到Ⅳ和Ⅴ类水质标准，其余年份均达到Ⅲ类水质标准，满足水功能要求，见图 3.1.58。

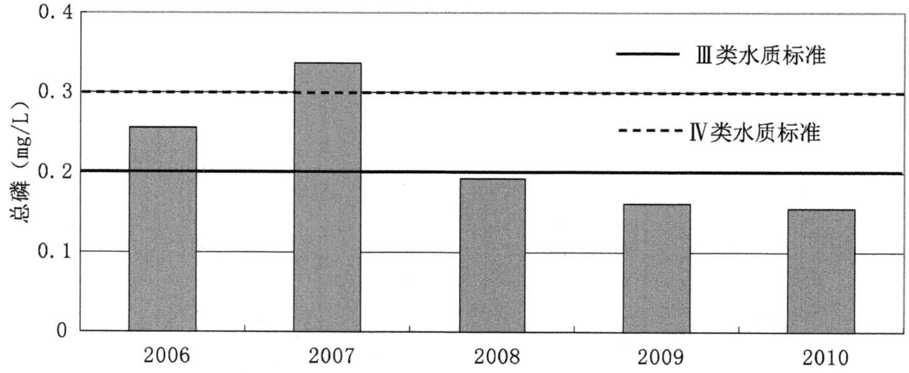

图 3.1.58　中干河水体中总磷年均值变化情况

⑦ 总氮年均值呈明显的下降趋势，由 2006 年的 15.25 mg/L 下降至 2010 年的 2.32 mg/L，见图 3.1.59。

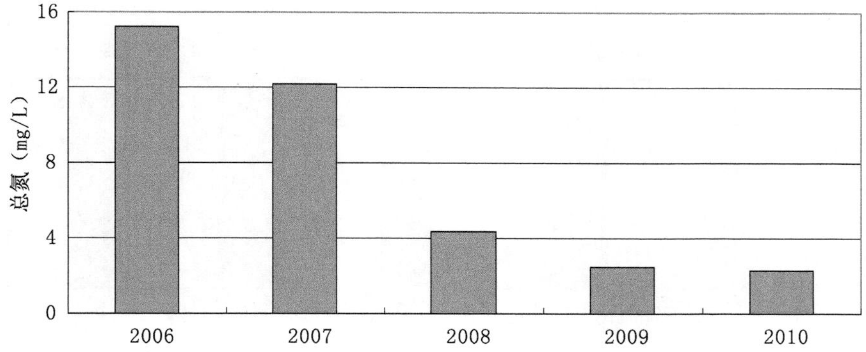

图 3.1.59 中干河水体中总氮年均值变化情况

3.1.4.7 太滆运河

对太滆运河 2006—2010 年主要水质指标进行分析，结果如下：

① 水体中溶解氧的年均值为 3.77～4.67 mg/L，达到Ⅳ类水质标准，不能满足水功能区划的Ⅲ类水质目标要求，见图 3.1.60。

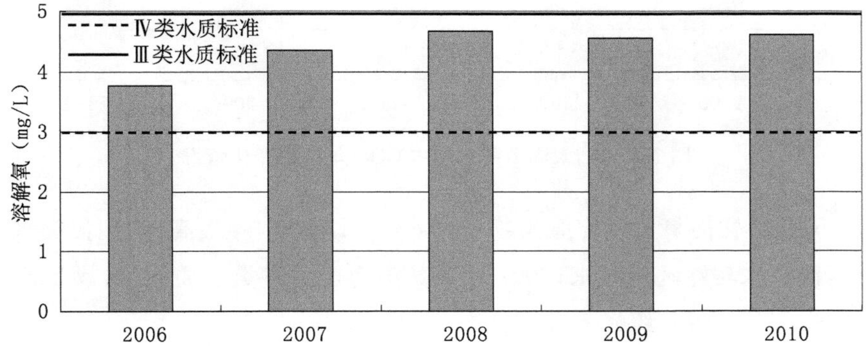

图 3.1.60 太滆运河水体中溶解氧年均值变化情况

② 自 2006 年以来高锰酸盐指数基本呈下降趋势，其年均值为 5.80～6.51 mg/L，2006—2007 年达到Ⅳ类水质标准，不能满足水功能区划要求，其余年份达到Ⅲ类水质标准，满足水功能区划要求，见图 3.1.61。

③ COD 年均值呈明显的下降趋势，由 2006 年的 27.18 mg/L 下降到 2010 年的 19.10 mg/L，2006—2008 年达到Ⅳ类水质标准，不能满足水功能区划要求，其余年份达到Ⅲ类水质标准要求，均满足水功能区划要求，见图 3.1.62。

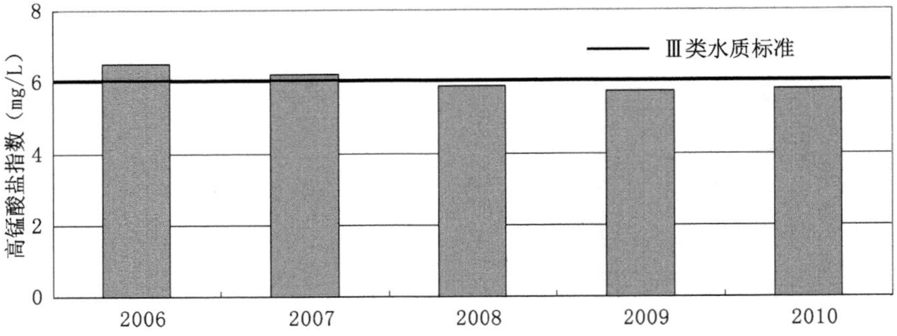

图 3.1.61　太滆运河水体中高锰酸盐指数年均值变化情况

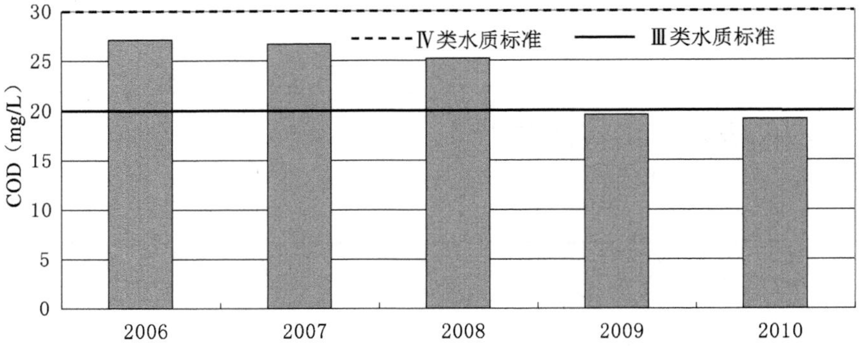

图 3.1.62　太滆运河水体中 COD 年均值变化情况

④ 五日生化需氧量年均值 3.47～4.28 mg/L，2006 年最高，达到Ⅳ类水质标准，不能满足水功能区划要求；2007—2010 年均达到Ⅲ类水质标准，满足水功能区划要求，但是呈逐年缓慢上升的趋势，见图 3.1.63。

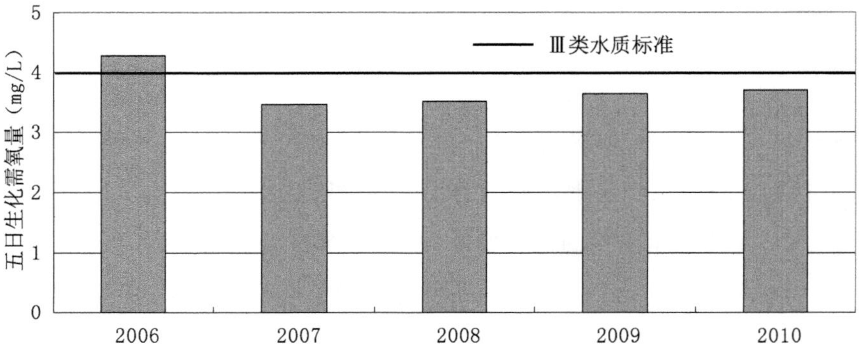

图 3.1.63　太滆运河水体中五日生化需氧量年均值变化情况

⑤ 2006 年以来氨氮呈明显的下降趋势，由 2006 年的 2.28 mg/L 降至 2010 年的 1.87 g/L，其中 2009 年有一定的反弹，2006 年和 2007 年超过Ⅴ类水质标准，其余年份均达到Ⅳ类水质标准，但均不能满足水功能区划要求，见图 3.1.64。

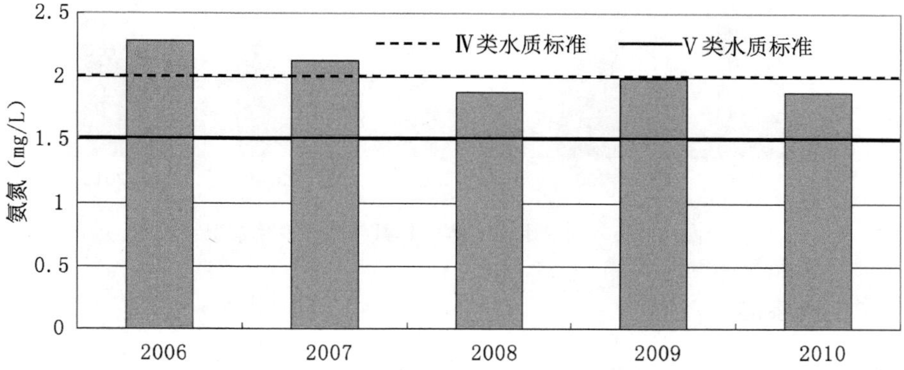

图 3.1.64 太滆运河水体中氨氮年均值变化情况

⑥ 总磷年均值 0.18～0.33 mg/L，自 2006 年以来总磷呈明显的下降趋势，2006 年达到Ⅴ类水质标准，2007 年和 2008 年达到Ⅳ水质标准，其余年份均达到Ⅲ类水质标准，见图 3.1.65。

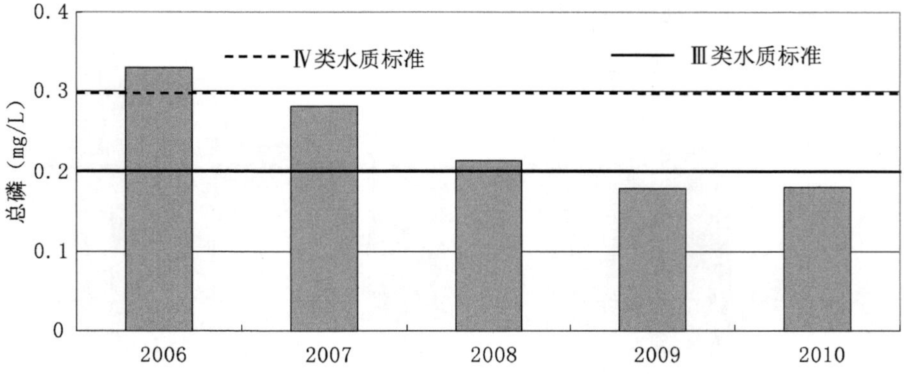

图 3.1.65 太滆运河水体中总磷年均值变化情况

⑦ 2006—2008 年总氮年均值呈明显的下降趋势，2009 年和 2010 年略有上升，年均值 2.98～3.98 mg/L，见图 3.1.66。

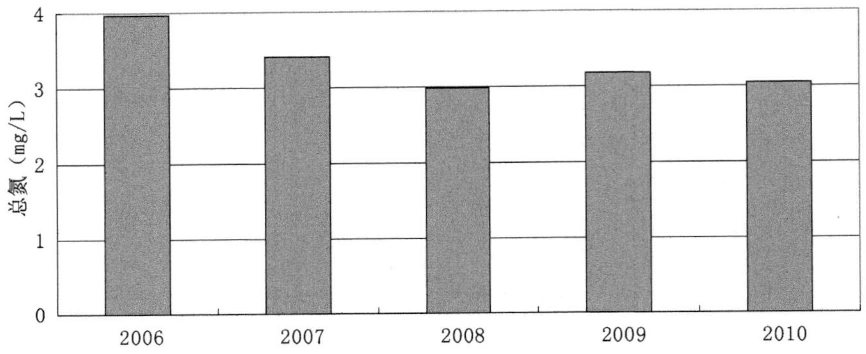

图 3.1.66　太滆运河水体中总氮年均值变化情况

3.1.4.8　漕桥河

漕桥河是连接太湖与滆湖的主要水力通道之一，也是太湖的主要入湖河流之一。对漕桥河漕桥断面枯水期、平水期和丰水期主要水质指标进行分析，结果表明，高锰酸盐指数、COD 和溶解氧均能达到Ⅳ类水质标准，满足水功能区划要求；氨氮丰水期能达到Ⅲ类水质标准，在平水期和枯水期达到Ⅴ类水质标准；总磷在枯水期能达到Ⅲ类水质标准，但平水期和丰水期分别达到Ⅴ类和Ⅳ类水质标准；五日生化需氧量在平水期、枯水期和丰水期分别达到Ⅲ类、Ⅳ类和Ⅴ类水质要求，丰水期不能满足水功能区划要求，见图 3.1.67—图 3.1.72。

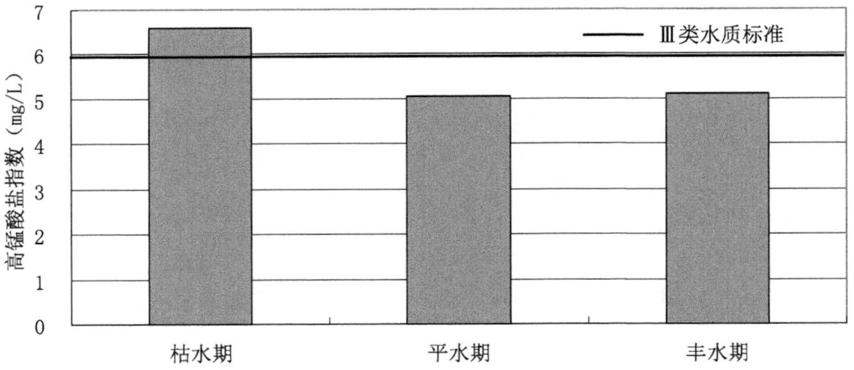

图 3.1.67　漕桥河漕桥断面高锰酸盐指数变化情况

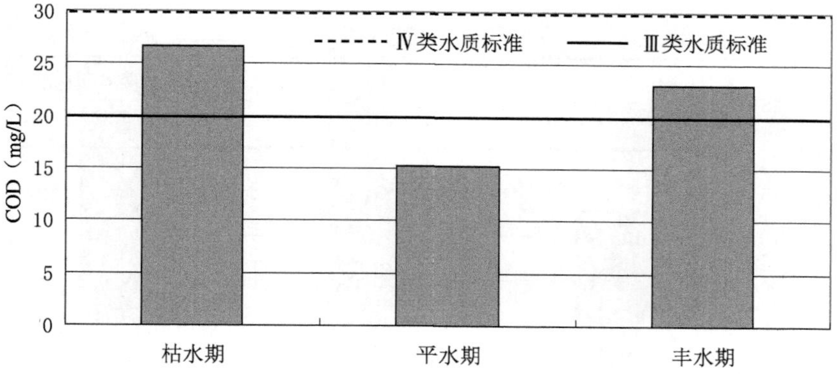

图 3.1.68　漕桥河漕桥断面 COD 变化情况

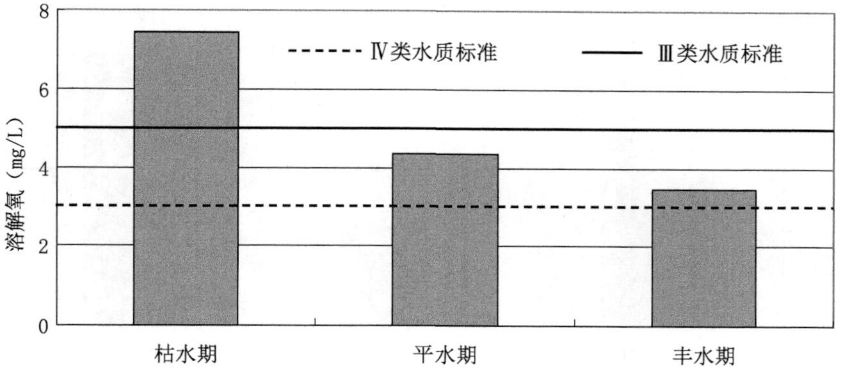

图 3.1.69　漕桥河漕桥断面溶解氧变化情况

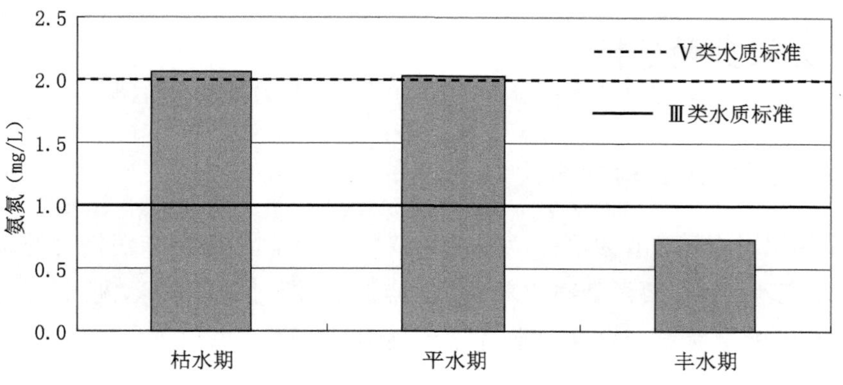

图 3.1.70　漕桥河漕桥断面氨氮变化情况

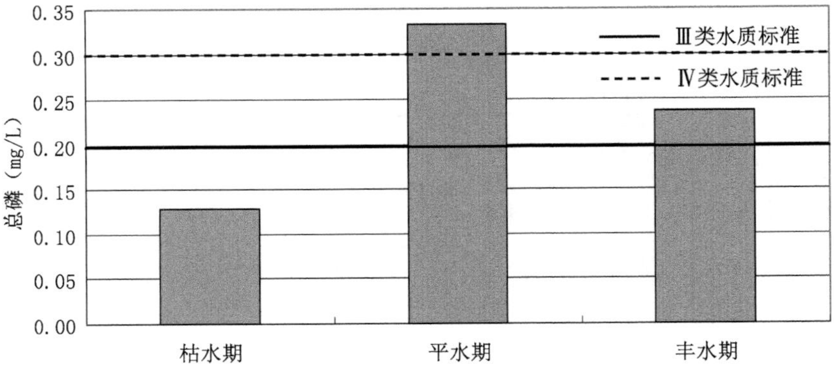

图 3.1.71　漕桥河漕桥断面总磷变化情况

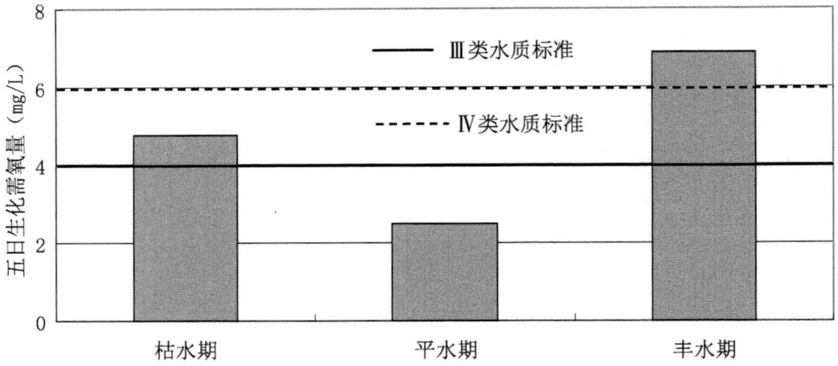

图 3.1.72　漕桥河漕桥断面五日生化需氧量变化情况

3.2　污染负荷分析

3.2.1　滆湖污染负荷分析

以滆湖周边 500 m 为研究范围，通过对滆湖入湖污染源和污染物的调查研究，将研究范围内主要污染物的来源分为点源（入湖河道）、面源（湖周区间径流、湖区水产养殖）、大气干湿沉降等，主要污染物入湖量见表 3.2.1。

表 3.2.1 主要污染物入湖量构成

污染源	入湖量(t/a)			
	COD	氨氮	总磷	总氮
入湖河流	16 219.74	865.45	174.28	1 644.36
湖周区间径流	5.13	1.54	0.15	2.92
湖区水产养殖	572.56	507.57	94.90	964.39
大气干湿沉降	/	535.93	9.29	861.89
底泥释放	/	337.50	18.85	641.25
合计	16 797.43	2 247.99	297.47	4 114.81

在滆湖的各个污染源中，入湖河流的贡献率最大，是滆湖主要的污染源，其次是水产养殖。入湖河流中扁担河的入湖污染负荷最大，约占 40.69%～47.18%，其次是湟里河，占 22.39%～37.63%，中干河和夏溪河的入湖污染负荷较小，见图 3.2.1—图 3.2.5。

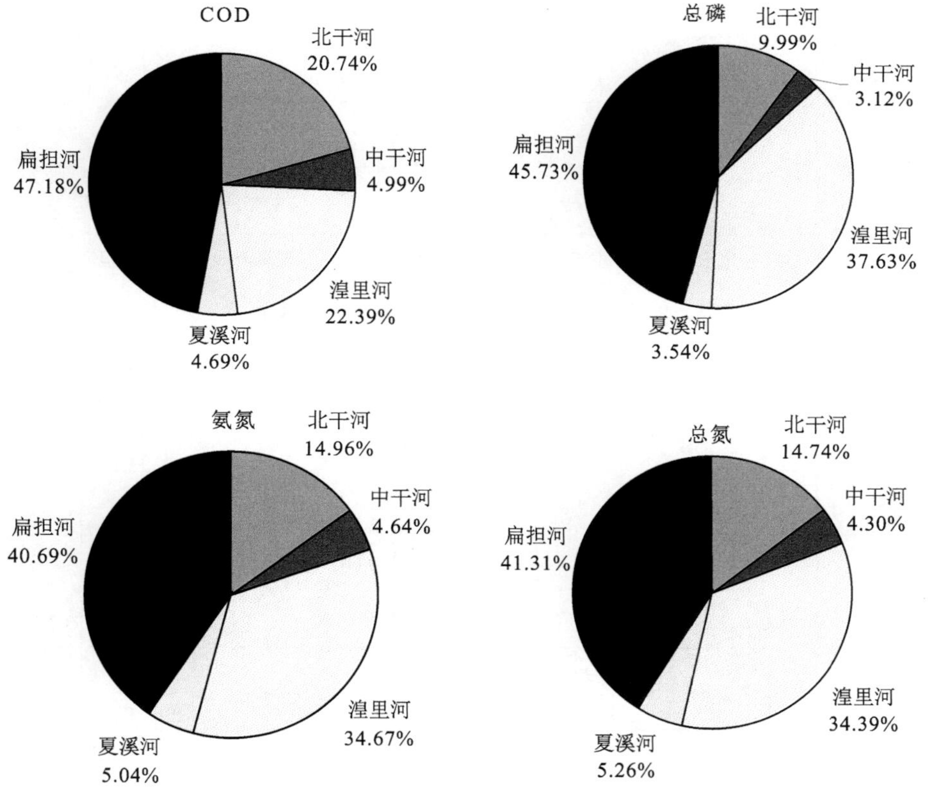

图 3.2.1 滆湖主要入湖河流污染负荷分析

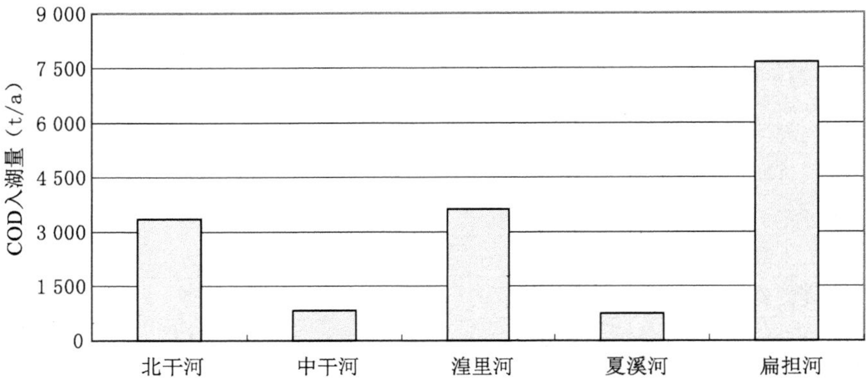

图 3.2.2　滆湖主要入湖河流 COD 入湖量

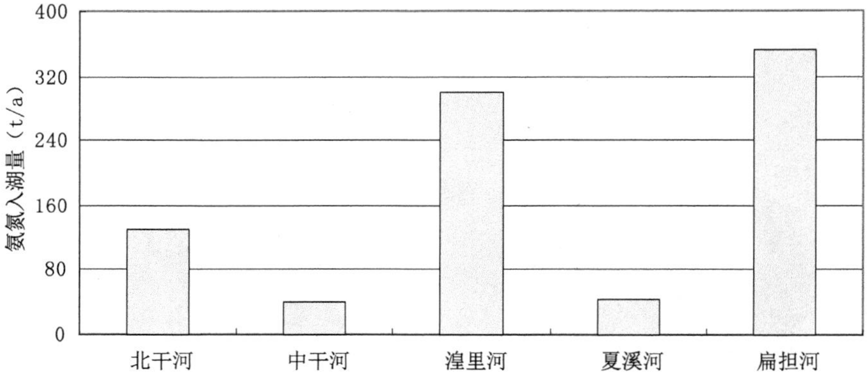

图 3.2.3　滆湖主要入湖河流氨氮入湖量

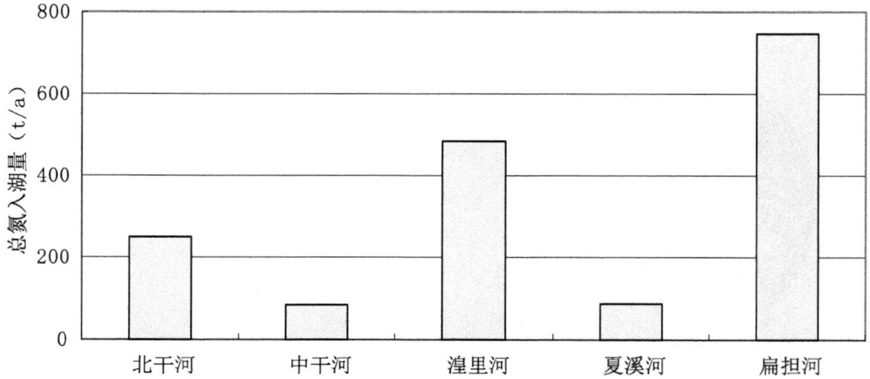

图 3.2.4　滆湖主要入湖河流总氮入湖量

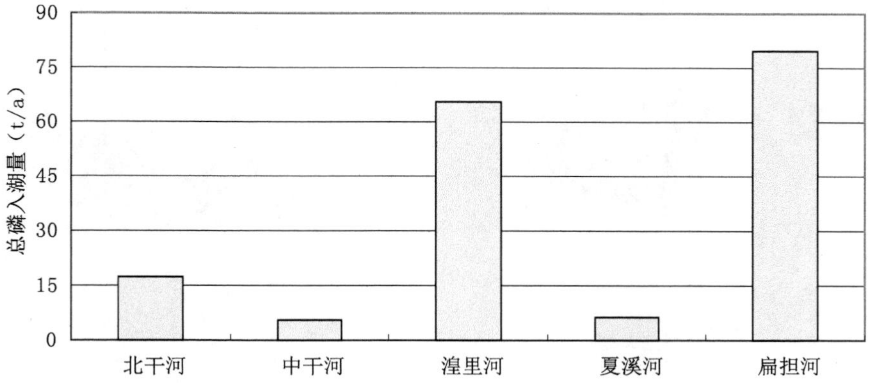

图 3.2.5 滆湖主要入湖河流总磷入湖量

3.2.2 太滆运河污染负荷分析

统计太滆运河汇水范围内工业、生活和农业等的污染物入河量，其中 COD、总氮、氨氮和总磷的入河量分别为 1 683.58 t/a、532.95 t/a、302.41 t/a 和 23.23 t/a，污染主要来自生活污染源，分别占总入河量的 62.84%、44.11%、51.53% 和 34.14%，见表 3.2.2 和图 3.2.6。

表 3.2.2 太滆运河主要污染物入河量

污染源	入河量(t/a)			
	COD	总氮	氨氮	总磷
工业	237.17	13.46	10.41	1.71
农业	101.97	101.97	30.59	3.06
生活	1 057.98	235.11	155.84	7.93
畜禽养殖	179.50	64.56	35.95	4.93
水产养殖	106.96	25.84	12.41	4.09
干湿沉降	/	92.01	57.21	1.51
总　计	1 683.58	532.95	302.41	23.23

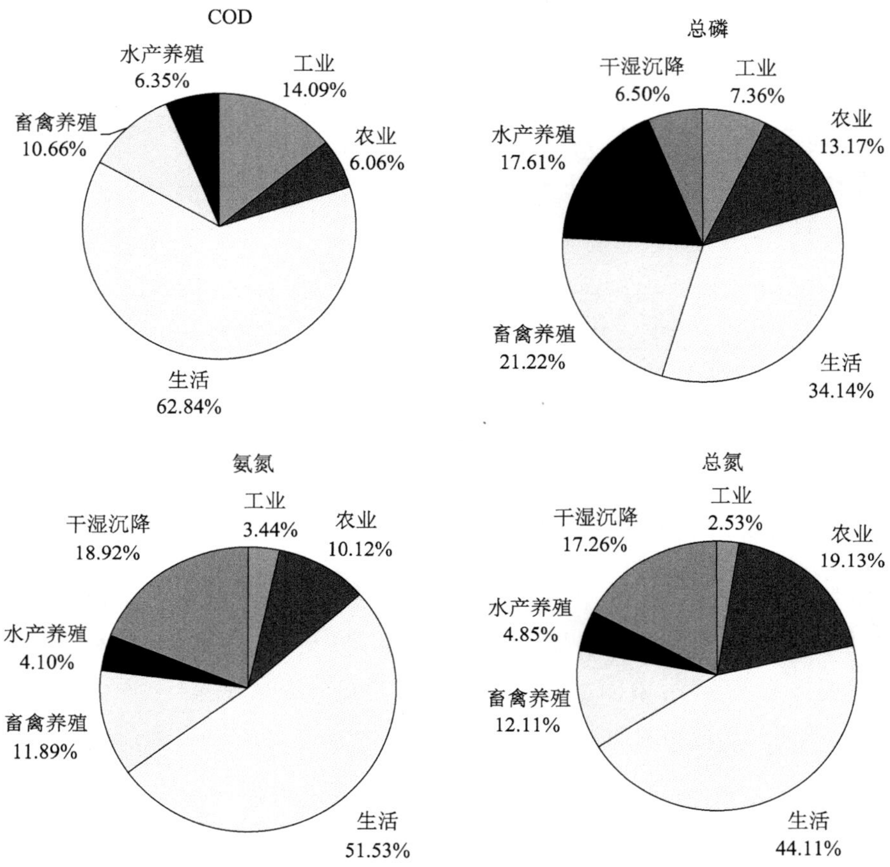

图 3.2.6　太滆运河汇水区内不同污染源的贡献率

3.2.3　漕桥河污染负荷分析

统计太滆运河汇水范围内工业、生活和农业等的污染物入河量，其中COD、总氮、氨氮和总磷的入河量分别为 1 487.68 t/a、398.75 t/a、221.25 t/a 和 16.84 t/a。COD 污染主要来自工业，占 46.32%，其次是生活，占31.30%；总磷污染主要来自水产养殖，占 26.48%，其次是生活，占 19.60%，见表3.2.3 和图 3.2.7。

表 3.2.3 漕桥河主要污染物入河量(t/a)

污染源	入河量(t/a)			
	COD	总氮	氨氮	总磷
工业	689.16	68.92	45.94	2.29
农业	88.80	88.80	26.64	2.66
生活	465.58	70.34	49.87	3.30
畜禽养殖	127.61	45.93	25.52	2.55
水产养殖	116.53	28.16	13.21	4.46
干湿沉降	/	96.6	60.07	1.58
总　计	1 487.68	398.75	221.25	16.84

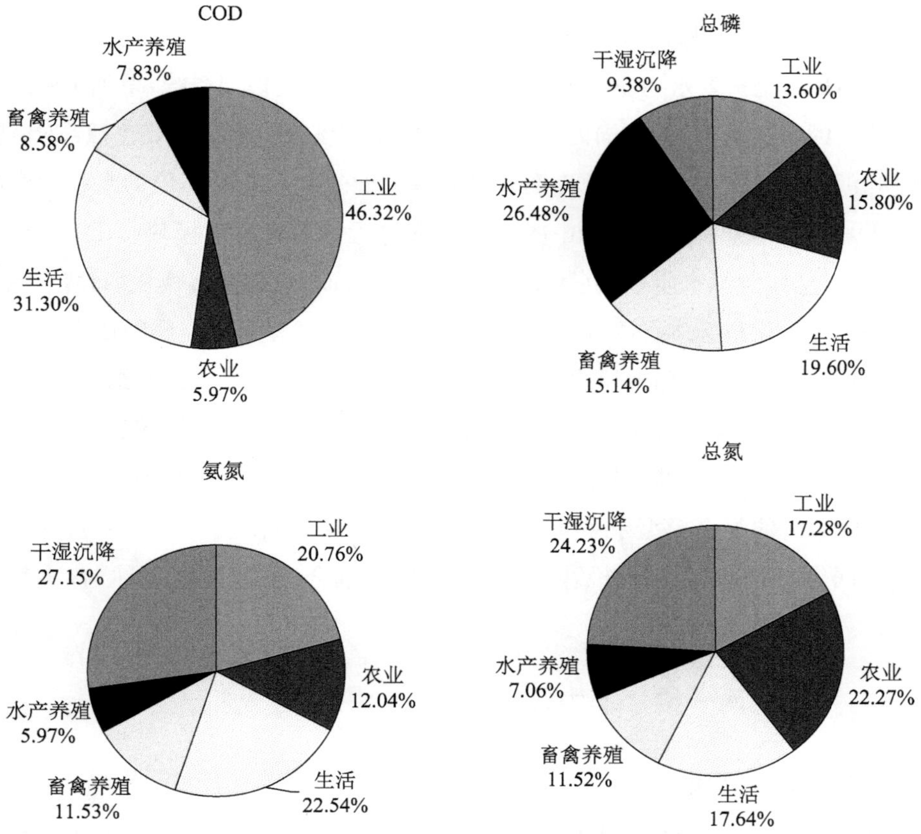

图 3.2.7 漕桥河汇水区内不同污染源的贡献率

4 水环境数学模型构建

4.1 河网一维水量水质模型构建

利用 MIKE11 模型系统中的水动力学模块(HD)、对流扩散模块(AD)和水质模块(WQ)构建平原河网一维水量水质模型。

MIKE11 是丹麦水力研究所(DHI)开发的一维河流模型系统,得到国际水利研究部门的普遍认可,并在国内外获得广泛应用。该模型系统主要包括:对降雨产流和汇流进行模拟的降雨径流模块(RR);用于模拟水文特征值的水动力学模块(HD);模拟污染物质在水体中的对流扩散过程的对流扩散模块(AD);Ecolab 水质模块,又包含了水质模块(WQ)、富营养模块(EU)、重金属模块(HM),能够对各种水质生化指标进行物理、生化过程,富营养化过程及重金属物质迁移过程进行模拟;非黏性泥沙输运模块(ST)等专业模型。该软件系统具有结构清晰、界面美观、操作简便等优点,被广泛应用于河口、河流、河网、灌溉系统等水体的水流、水质、泥沙输运问题的模拟研究及潮汐、风暴潮、洪水的分析与预报等。

MIKE11 的每个模型子系统都包含若干个模块,各模块既可以单独处理某一专门问题,又可以与其他模块相互关联,相互耦合,相互提供条件,解决复杂问题。

4.1.1 平原河网一维水动力模型

4.1.1.1 基本方程组

HD 模块是基于描述简单明渠非恒定渐变流运动规律的圣维南方程组建立的包括反映动量守恒定律的运动方程和反映质量守恒定律的连续性方程:

$$\frac{\partial A}{\partial t}+\frac{\partial Q}{\partial x}=q$$
$$\frac{\partial Q}{\partial t}+\frac{\partial}{\partial x}(aQ^2/A)+Ag\frac{\partial Z}{\partial x}+g\frac{Q|Q|}{C_k^2R_hA}=0 \tag{4.1.1}$$

式中：Q——河道内任意断面的流量(m)；

Z——水位(m)；

A——断面面积(m^2)；

g——重力加速度(m/s^2)；

q——旁侧入流(m^3)；

R_h——水力半径(m)；

C_k——谢才系数($m^{1/2}/s$)；

a——动量校正系数；

x、t——距离与时间的坐标。

4.1.1.2 方程组的离散

利用 Abbott 六点隐式有限差分格式求解圣维南方程，在每一个网格节点按顺序交替计算水位和流量，如图 4.1.1 所示。该格式为无条件稳定，可以在相当大的 Courant 数下保持计算稳定，因此，可以取较长的时间步长以节省模型运算时间。

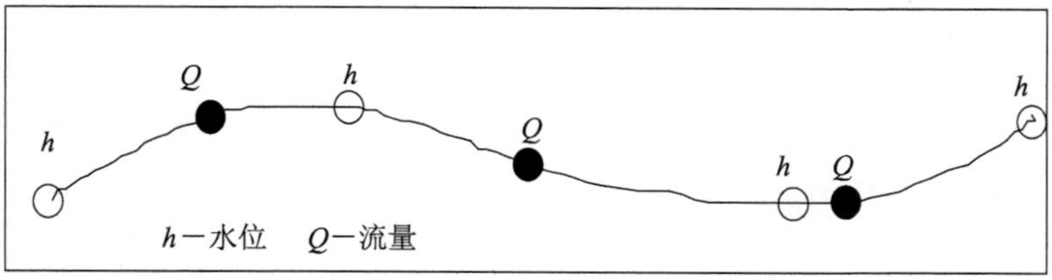

图 4.1.1 Abbott 格式水位点、流量点交替布置图

引入蓄存宽度 B_s，连续方程可写为：

$$B_s\frac{\partial h}{\partial t}+\frac{\partial Q}{\partial x}=q \tag{4.1.2}$$

采用图 4.1.2 所示的离散格式，将连续方程各项写为：

$$\frac{\partial Q}{\partial x}=\left[\frac{(Q_{j+1}^{n+1}+Q_{j+1}^{n})}{2}-\frac{(Q_{j-1}^{n+1}+Q_{j-1}^{n})}{2}\right]\Big/\Delta 2x_j \tag{4.1.3}$$

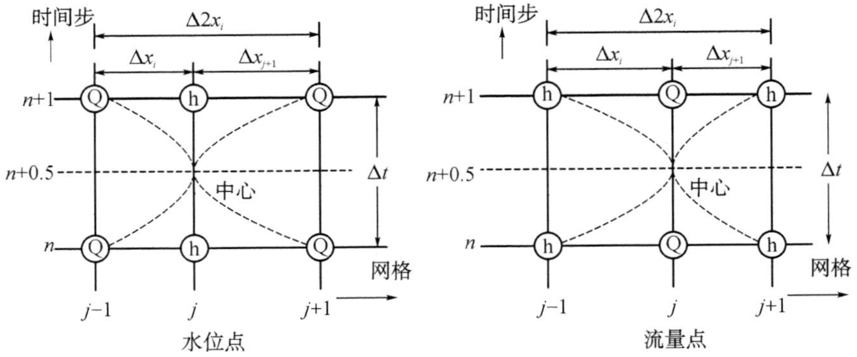

图 4.1.2　Abbott 六点中心差分格式

$$\frac{\partial h}{\partial t}=(h_j^{n+1}-h_j^n)/\Delta t \tag{4.1.4}$$

$$B_s=(A_{o,j}+A_{o,j+1})/\Delta 2x_j \tag{4.1.5}$$

式中：n—— 时刻；

j—— 空间位置；

Δt—— 时间步长；

Δx—— 空间步长；

$A_{o,j}$—— 网格点 $j-1$ 和 j 之间的水表面面积；

$A_{o,j+1}$—— 网格点 j 和 $j+1$ 之间的水表面面积；

$\Delta 2x_j$—— 网格点 $j-1$ 和 $j+1$ 之间的距离。

将公式(4.1.2)写为：

$$B_s\frac{(h_j^{n+1}-h_j^n)}{\Delta t}+\frac{(Q_{j+1}^{n+1}+Q_{j+1}^n)/2-(Q_{j-1}^{n+1}+Q_{j-1}^n)/2}{\Delta 2x_j}=q_j \tag{4.1.6}$$

式(4.1.6)整理后可化为：

$$\alpha_j Q_{j-1}^{n+1}+\beta_j h_j^{n+1}+\gamma_j Q_{j+1}^{n+1}=\delta_j \tag{4.1.7}$$

式中：α、β、γ 是 B 和 δ 的函数，并且依赖于 h^n、Q^n 和 $Q^{n+1/2}$。

同样可得动量方程各项在流量点上的差分形式为：

$$\frac{\partial Q}{\partial t}=(Q_j^{n+1}-Q_j^n)/\Delta t \qquad ((4.1.8)$$

$$\frac{\partial\left(\frac{Q^2}{A}\right)}{\partial x}=\left[\left(\frac{Q^2}{A}\right)_{j+1}^{n+1/2}-\left(\frac{Q^2}{A}\right)_{j-1}^{n+1/2}\right]/\Delta 2x_j \tag{4.1.9}$$

$$\frac{\partial h}{\partial x}=\left[\frac{(h_{j+1}^{n+1}+h_{j+1}^{n})}{2}-\frac{(h_{j-1}^{n+1}+h_{j-1}^{n})}{2}\right]/\Delta 2x_j \tag{4.1.10}$$

动量方程的离散形式为：

$$\frac{Q_j^{n+1}-Q_j^n}{\Delta t}+\frac{\left(\frac{Q^2}{A}\right)_{j+1}^{n+1/2}-\left(\frac{Q^2}{A}\right)_{j-1}^{n+1/2}}{\Delta 2x_j}+[Ag]_j^{n+1/2}\frac{(h_{j+1}^{n+1}+h_{j+1}^{n})-(h_{j-1}^{n+1}+h_{j-1}^{n})}{2\Delta 2x_j}$$
$$+\left[\frac{g}{C^2AR}\right]_j^{n+1/2}|Q|_j^nQ_j^{n+1}=0$$

(4.1.11)

当在某个时间步长内，某网格点流速方向发生变化时，Q^2 的离散形式可写为：

$$Q^2\approx\theta Q_j^{n+1}Q_j^n-(\theta-1)Q_j^nQ_j^n \tag{4.1.12}$$

其中：$0.5\leqslant\theta\leqslant 1$

式(4.1.11)整理后可化简为：

$$\alpha_j h_{j-1}^{n+1}+\beta_j Q_j^{n+1}+\gamma_j h_{j+1}^{n+1}=\delta_j \tag{4.1.13}$$

式中：$\alpha_j=f(A)$；$\beta_j=f(Q_j^n,\ \Delta t,\ \Delta x,\ C,\ A,\ R)$；$\gamma_j=f(A)$；

$\delta_j=f(A,\ \Delta x,\ \Delta t,\alpha,\ q,\upsilon,\theta,h_{j-1}^n,Q_{j-1}^n,h_{j+1}^n,\ Q_{j+1}^{n+1/2})$

可以选取追赶法对方程求解。

4.1.1.3 离散方程组的求解

(1) 河道方程

如前面所述，河道内任一点的水力参数 Z(水位 h 或流量 Q)与相临网格点的水力参数的关系可以表示为一线性方程：

$$\alpha_j Z_{j-1}^{n+1}+\beta_j Z_j^{n+1}+\gamma_j Z_{j+1}^{n+1}=\delta_j \tag{4.1.14}$$

假设一河道有 n 个网格点，因为河道的首末网格点总是水位点，所以 n 是奇数。对于河道的所有网格点写出式(4.1.13)，可以得到 n 个线性方程：

$$
\begin{aligned}
&\alpha_1 H_{us}^{n+1} + \beta_1 h_1^{n+1} + \gamma_1 Q_2^{n+1} = \delta_1 \\
&\alpha_2 h_1^{n+1} + \beta_2 Q_2^{n+1} + \gamma_1 h_3^{n+1} = \delta_2 \\
&\cdots \\
&\alpha_{n-1} h_{n-2}^{n+1} + \beta_{n-1} Q_{n-1}^{n+1} + \gamma_{n-1} h_n^{n-1} = \delta_{n-1} \\
&\alpha_{n-1} Q_{n-1}^{n+1} + \beta_{n-1} h_n^{n+1} + \gamma_n H_{ds}^{n+1} = \delta_n
\end{aligned}
\tag{4.1.15}
$$

其中，第一个方程中的 H_{us} 和最后一个方程中的 H_{ds} 分别是上、下游汊点的水位。某一河道第一个网格点的水位等于与之相连河段上游端汊点的水位：$h_n = H_{us}$，即：$\alpha_1 = -1$，$\beta_1 = 1$，$\gamma_1 = 0$，$\delta_1 = 0$。同样，$h_n = H_{us}$，即：

$$\alpha_n = 0,\ \beta_n = 1,\ \gamma_n = -1,\ \delta_n = 0。$$

对于单一河道，只要给出上下游水位边界，即 H_{us} 和 H_{ds} 为已知，就可用消元法求解方程组(4.1.15)。

对于河网问题，由方程组(4.1.15)通过消元法可以将河道内任意点的水力参数(水位或流量)表示为上下游汊点水位的函数：

$$Z_j^{n+1} = c_j - a_j H_{us}^{n+1} - b_j H_{ds}^{n+1} \tag{4.1.16}$$

只要先求河网各汊点的水位，就可用式(4.1.16)求解任一河段任意网格点的水力参数。

(2) 汊点方程组

如图 4.1.3 所示，对于围绕汊点的控制体应用连续性方程得到：

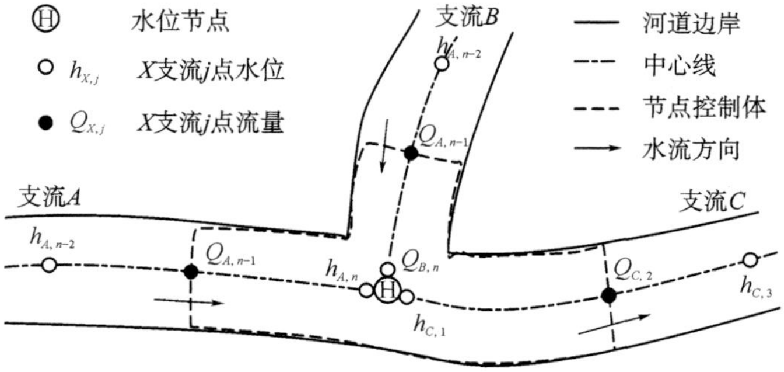

图 4.1.3　河网汊点方程示意图(以三汊点为例)

$$\frac{H^{n+1}-H^n}{\Delta t}A_n=\frac{1}{2}(Q^n_{A,n-1}+Q^n_{B,n-1}-Q^n_{C,2})+\frac{1}{2}(Q^{n+1}_{A,n-1}+Q^{n+1}_{B,n-1}-Q^{n+1}_{C,2})$$

(4.1.17)

将上述方程中右边第二式的三项分别以式(4.1.16)替代，可以得到

$$\begin{aligned}\frac{H^{n+1}-H^n}{\Delta t}A_{ft}=&\frac{1}{2}(Q^n_{A,n-1}+Q^n_{B,n-1}-Q^n_{C,2})\\&+\frac{1}{2}(c_{A,n-1}-a_{A,n-1}H^{n+1}_{A,us}-b_{A,n-1}H^{n+1})\\&+c_{B,n-1}-a_{B,n-1}H^{n+1}_{B,us}-b_{B,n-1}H^{n+1}\\&-c_{C,2}-a_{C,2}H^{n+1}-b_{B,2}H^{n+1}_{C,us}\end{aligned}$$

(4.1.18)

式中：H—— 该汊点的水位；

$H_{A,us}$—— 支流 A 上游端汊点水位；

$H_{B,us}$—— 支流 B 上游端汊点水位；

$H_{C,us}$—— 支流 C 下游端汊点水位。

在式(4.1.18)中，将某个汊点的水位表示为与之直接相连的河道的汊点水位的线性函数。同样，对于河网所有汊点(假设为 N 个)，可以得到 N 个类似的方程(汊点方程组)。在边界水位或流量已知的情况下，可以利用高斯消元法直接求解汊点方程组，得到各个汊点的水位，进而回代式(4.1.16)求解任意河道任意网格点的水位或流量。

(3) 外边界条件

若在河道边界节点上给出水位的时间变化过程：$h=h(t)$。此时，边界上的汊点方程为(假设边界所在河道编号为 j)：

$$h^{n+1}_{j,1}=H^{n+1}_{us}\text{，或 }h^{n+1}_{j,n}=H^{n+1}_{ds} \tag{4.1.19}$$

若在河道边界节点上给出流量的时间变化过程：$Q=Q(t)$。

对如图 4.1.4 所示的控制体，应用连续性方程可以得到：

$$\frac{H^{n+1}-H^n}{\Delta t}A_{ft}=\frac{1}{2}(Q^n_b-Q^n_2)+\frac{1}{2}(Q^{n+1}_b-Q^{n+1}_2) \tag{4.1.20}$$

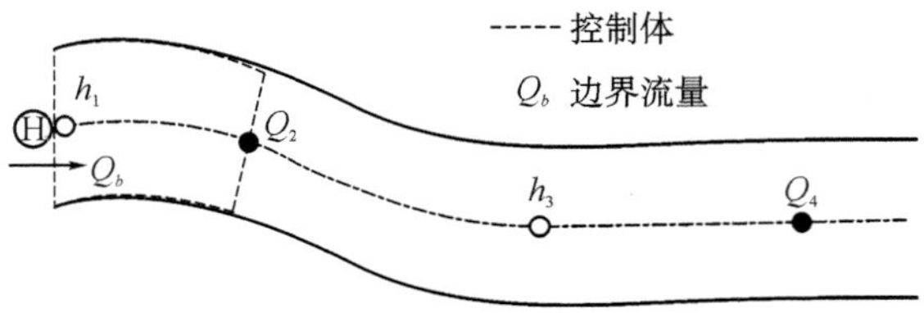

图 4.1.4　流量边界示意图

将 Q_2^{n-1} 以式(4.1.8)代入式(4.1.14)，可以得到：

$$\frac{H^{n+1}-H^n}{\Delta t}A_{ft}=\frac{1}{2}(Q_b^n-Q_2^n)+\frac{1}{2}(Q_b^{n+1}-c_2+a_2H^{n+1}+b_2H_{ds}^{n+1})\tag{4.1.21}$$

若在河道边界节点上给出的是流量水位关系 $Q=Q(h)$，其处理方法同流量边界，得到与式(4.1.21)类似的方程，只是方程中的 Q_b^n 和 Q_b^{n+1} 由流量水位关系计算得到。

4.1.2　平原河网一维水质模型

4.1.2.1　基本控制方程

对流扩散模块主要用于模拟物质在水体中的传输扩散过程，其基本假定是：物质在断面上完全混合、物质守恒或符合一级反应动力学(即线性衰减)、扩散作用符合 Fick 扩散定律，即扩散与浓度梯度成正比。一维对流扩散方程写为：

$$\frac{\partial AC}{\partial t}+\frac{\partial QC}{\partial x}-\frac{\partial}{\partial x}\left(AD\frac{\partial C}{\partial x}\right)=-AK_1C+C_2q\tag{4.1.22}$$

式中：x——空间坐标(m)；

t——时间坐标(s)；

C——物质浓度(mg/L)；

D——纵向扩散系数(m^2/s)；

A——横断面面积(m^2)；

q——旁侧入流流量(m^3/s)；

C_2——源/汇浓度(mg/L)；

K_1——衰减系数(1/d)。

4.1.2.2 对流扩散方程的离散和求解

采用时间和空间中心隐式差分格式离散对流扩散方程,可以减少数值离散和保证质量守恒。采取如图 4.1.5 所示的控制体积,得到对流扩散方程的离散形式如下:

$$\frac{V_j^{n+1/2}C_j^{n+1}}{\Delta t}-\frac{V_j^{n+1/2}C_j^{n}}{\Delta t}+T_{j+1/2}^{n+1/2}-T_{j-1/2}^{n+1/2}=q_j^{n+1/2}C_q^{n+1/2}-V_j^{n+1/2}KC_j^{n} \tag{4.1.23}$$

式中:j——网格数;

V——体积(m^3);

T——通过控制体积的输送量(g);

C_q——侧向入流的物质浓度(mg/L)。

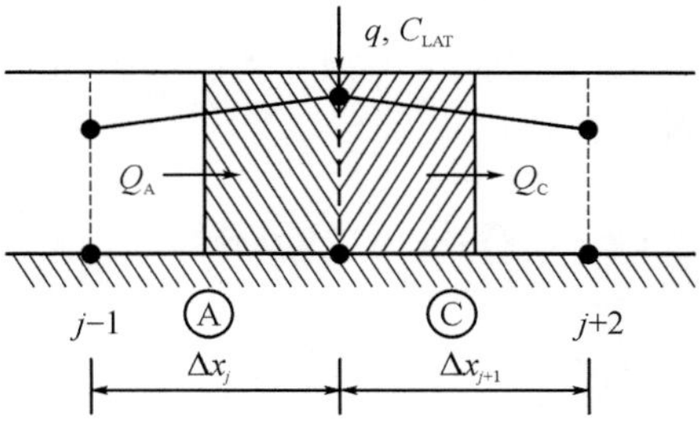

图 4.1.5 对流扩散过程控制体积示意图

对流扩散项的离散形式为:

$$T_{j+1/2}^{n+1/2}=Q_{j+1/2}^{n+1/2}C_{j+1/2}^{*}-A_{j+1/2}^{n+1/2}D\frac{C_{j+1}^{n+1/2}-C_j^{n+1/2}}{\Delta x} \tag{4.1.24}$$

式中:$Q_{j+1/2}^{n+1/2}$——通过控制体积右侧壁的流量;

$A_{j+1/2}^{n+1/2}$——右侧壁的横断面面积;

$C_{j+1/2}^{*}$——上游内插浓度值,其计算公式如下:

$$C_{j+1/2}^{*}=\frac{1}{4}(C_{j+1}^{n+1}+C_j^{n+1}+C_{j+1}^{n}+C_j^{n})-\min\left[\frac{1}{6}\left(1+\frac{\sigma^2}{2}\right),\frac{1}{4\sigma}\right](C_{j+1}^{n}-2C_j^{n}+C_{j-1}^{n}) \tag{4.1.25}$$

式中:克朗数 $\sigma=u\Delta t/\Delta x$,$u$ 为流速。

通过以上各式，可以得到任意时间步长内相邻三个网格点浓度的隐式差分方程：

$$\alpha_j C_{j-1}^{n+1} + \beta_j C_j^{n+1} + \gamma_j C_{j+1}^{n+1} = \delta_j \tag{4.1.26}$$

利用追赶法可进行求解。

4.1.2.3 水质反应模块

污染物在河流中的迁移转化是一个复杂的物理、化学和生物过程。其物理过程包括污染物随水体运动的推流平移、湍流扩散和弥散，与悬浮颗粒间的吸附解吸，悬浮态物质的沉淀再悬浮以及污染物的传热等；生物化学过程主要有水体中含碳、含氮化合物的氧化分解以及含氮化合物的硝化反硝化等。

（1）溶解氧平衡方程

河流水体中同时发生着产氧和耗氧两个过程。产氧过程主要有大气复氧作用，藻类、水生植物光合作用等。耗氧过程主要有河水中含碳、含氮化合物氧化，其他还原性物质氧化，水生动植物、微生物呼吸以及底泥耗氧等。结合这些因素，水体中耗氧平衡方程可以写为：

$$\begin{aligned}\frac{\mathrm{d}DO}{\mathrm{d}t} = &+K_2(C_s - DO) - K_3 BOD\theta_3^{(T-20)}\frac{DO^2}{K_s + DO^2} \\ &- Y_1 K_4 NH_4\theta_4^{(T-20)}\frac{DO^2}{K_s + DO^2} - R\theta_2^{(T-20)} + P_1 - B_1\end{aligned} \tag{4.1.27}$$

式中：K_2——20℃时大气复氧系数(1/d)；

K_3——BOD 降解系数(1/d)；

K_4——硝化反应系数(1/d)；

DO、NH_4、BOD——分别为溶解氧、氨氮、BOD 的实际浓度(mg/L)；

C_s——溶解氧饱和浓度(mg/L)；

K_s——溶解氧半饱和常数(mg/L)；

Y_1——BOD 生成氨氮的转化率[mg(NH_3-N)/mg(BOD)]；

R——20℃时呼吸作用速率[g(O^2)/(m^2 · d)]；

θ_3、θ_4 和 θ_2——分别为 BOD 降解过程、硝化反应过程和呼吸作用的阿累尼乌斯温度系数；

B_1——底泥耗氧常数[g(O^2)/(m^2 · d)]；

P_1——光合作用产氧速率[g(O^2)/(m^2 · d)]。

(2) BOD 平衡方程

影响河流水体中有机物含量的主要过程包括有机物降解、沉积和再悬浮。BOD 平衡方程为：

$$\frac{\mathrm{d}BOD}{\mathrm{d}t}=-K_3BOD\theta_3^{(T-20)}\frac{DO^2}{K_s+DO^2}+S_1\frac{BOD}{H}-K_5\frac{BOD}{H}\tag{4.1.28}$$

式中：S_1——沉积 BOD 的再悬浮速率[g/(m² · d)]，如果 BOD 浓度小于临界浓度，则 $S_1=0$；

K_5——悬浮 BOD 的沉降速率(m/d)；

H——水深(m)。

(3) 氨氮平衡方程

影响河流水体中氨氮含量的主要过程包括有机物降解产生氨氮，微生物、植物吸收氨氮，硝化反应消耗氨氮等，氨氮平衡方程为：

$$\frac{\mathrm{d}NH_4}{\mathrm{d}t}=\frac{DO^2}{K_s+DO^2}Y_1K_3BOD\theta_3^{(T-20)}-K_4NH_4\theta_4^{(T-20)}\frac{DO^2}{K_s+DO^2}-0.066(P_1-R)-0.109K_3\frac{DO^2}{K_s+DO^2}BOD\theta_3^{(T-20)}\tag{4.1.29}$$

(4) 硝酸盐平衡方程

影响硝酸盐的主要过程包括硝化反应和反硝化反应。硝酸盐物质平衡方程为：

$$\frac{\mathrm{d}NO_3}{\mathrm{d}t}=K_4NH_4\theta_4^{(T-20)}\frac{DO^2}{K_s+DO^2}-K_6NO_3\theta_6^{(T-20)}\tag{4.1.30}$$

式中：K_6——反硝化反应速率(1/d)；

NO_3——硝酸盐浓度(mg/L)；

θ_6——反硝化反应的 Arrhenius 温度系数。

(5) COD 平衡方程

由于 COD 变量不仅包括有机物，也包括部分无机物，在水生态反应中与其他变量有重叠而难以划分，所以 Ecolab 模型中没有将 COD 作为水质反应的一部分来考虑，没有现成的模版。考虑到在我国水环境质量评价中 COD 通常是一个重要的污染指标，本书参考 BOD 的反应方程，利用 Ecolab 建立了 COD 反应模版。其平衡方程为：

$$\frac{\mathrm{d}COD}{\mathrm{d}t}=-K_{COD}COD\theta_{COD}^{(T-20)}\frac{DO^2}{K_s+DO^2}+\frac{S_{COD}}{H}-K_{RE-COD}\frac{COD}{H} \tag{4.1.31}$$

式中：K_{COD} ——20℃时 COD 降解系数(1/d)；

θ_{COD} ——COD 降解的 Arrhenius 温度系数；

S_{COD} ——COD 再悬浮速率($g/m^2/d$)；

K_{RE-COD} ——悬浮 COD 的沉降速率。

(6) 磷平衡方程

磷分为颗粒性磷(PP)和溶解性磷(OP)，其平衡方程分别为：

$$\frac{\mathrm{d}OP}{\mathrm{d}t}=K_7PP\theta_7^{(T-20)}-K_8OP\theta_8^{(T-20)}+Y_3K_3BOD\theta_3^{(T-20)} \tag{4.1.32}$$

式中：OP——水中溶解性磷浓度(mg/L)；

PP——水中颗粒性磷浓度(mg/L)；

K_7——20℃时颗粒性磷降解速率(day^{-1})，经验值 0.1～0.2；

θ_7——颗粒性磷降解 Arrhenius 温度系数；

K_8——20℃时溶解性磷合成速率(day^{-1})；

θ_8——溶解性磷合成 Arrhenius 温度系数；

Y_3——BOD 降解释放溶解性磷量[$g(P)/g(O_2)$]。

当 $U\leqslant U_{crit2}$ 时：

$$\frac{\mathrm{d}PP}{\mathrm{d}t}=-K_7PP\theta_7^{(T-20)}+K_8OP\theta_8^{(T-20)}-\frac{K_6}{Depth}PP \tag{4.1.33}$$

当 $U>U_{crit2}$ 时：

$$\frac{\mathrm{d}PP}{\mathrm{d}t}=-K_7PP\theta_7^{(T-20)}+K_8OP\theta_8^{(T-20)}+\frac{S_2}{Depth}PP \tag{4.1.34}$$

式中：K_6——PP 沉降速率(m/day)；

S_2——PP 再悬浮速率($g/m^2/day$)；

U_{crit2}——PP 沉降再悬浮临界流速(m/s);

$Depth$——水深。

4.1.2.4 水质反应模块与对流扩散模块的耦合

水质反应模块需要与对流扩散模块耦合运行,其计算过程如下:

(1) 由对流扩散模块计算第 $n+1$ 时间步长的水质组分浓度 $C_{n+1,AD}$;

(2) 计算对流扩散引起的浓度梯度 $LC_{n+1,AD}=(C_{n+1,AD}-C_{n,AD})/L_t$;

(3) 由水质反应模块计算第 $n+1$ 时间步长的水质组分浓度 $C_{n+1,WQ}$;

(4) 计算水质反应引起的浓度梯度 $LC_{n+1,WQ}=(C_{n+1,WQ}-C_{n,WQ})/L_t$;

(5) 计算总的浓度梯度 $LC_{n+1}=LC_{n+1,AD}+LC_{n+1,WQ}$;

(6) 采用龙格-库塔法进行积分求解,得到该时间步长的物质浓度。

4.1.3 平原河网一维水量水质模型构建

4.1.3.1 河网概化

对河道进行水动力模拟,首先必须对模拟范围内河网进行合理概化,确定模型边界,并考虑特殊河段的调蓄能力,然后提供水动力模型需要的基本信息进行模拟。概化时将主要的输水河道纳入计算范围,将次要的河道和水体根据等效原理,归并为单一河道和节点,使概化前后河道的输水能力相等、调蓄能力不变。

以主干河道为基础,对研究区域河网区进行了河流概化,模拟范围为东至武进港和锡溧运河,西至滆湖和扁担河,南至太湖,北至长江,主要包括京杭运河、新京杭运河、德胜河、新孟河、武宜运河、武南河、永安河、采菱港、武进港、扁担河、太滆运河、锡溧运河、漕桥河等 46 条河段,具体见图 4.1.6。

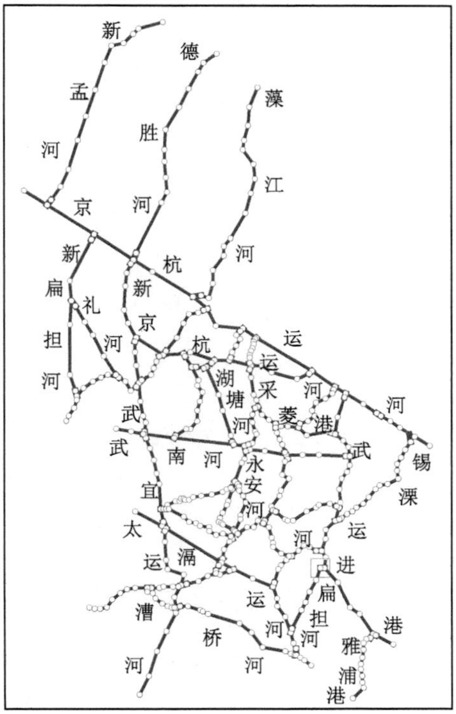

图 4.1.6 河网概化图

4.1.3.2 边界条件

模型计算范围面积约 1 500 km²，共设 13 个计算边界，其中上边界 7 个，下边界为 6 个，上边界条件采用流量过程，下边界条件采用水位过程。包括大运河九里站、新孟河小河新闸站、德胜河魏村闸站、澡港河澡港闸站、大运河横林站，以及南运河与武南河入滆湖河口、武进港闸上游站、太滆运河坊前站、太湖百渎口站、漕桥河漕桥站、太滆运河黄埝桥站、雅浦港雅浦港闸站等。

4.1.3.3 模型率定与验证

（1）资料收集

收集了研究区域内太滆运河坊前站、太滆运河黄埝桥、漕桥河漕桥站、京杭运河九里站、京杭运河横林站、百渎口、新孟河小河新闸站、德胜河魏村闸站、藻港闸站等 13 个水文站点 1997 年、1999 年和 2009 年逐日水位和流量资料，作为水动力模型的计算边界条件，见图 4.1.7—图 4.1.10。采用 2009 年控制断面水质例行监测数据作为模型计算的水质边界条件。

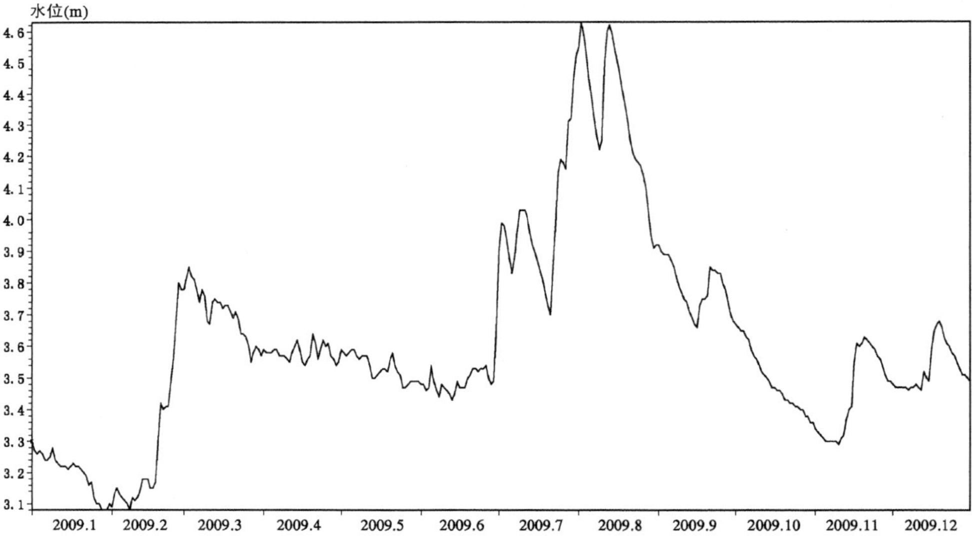

图 4.1.7 太滆运河坊前站 2009 年水位过程线

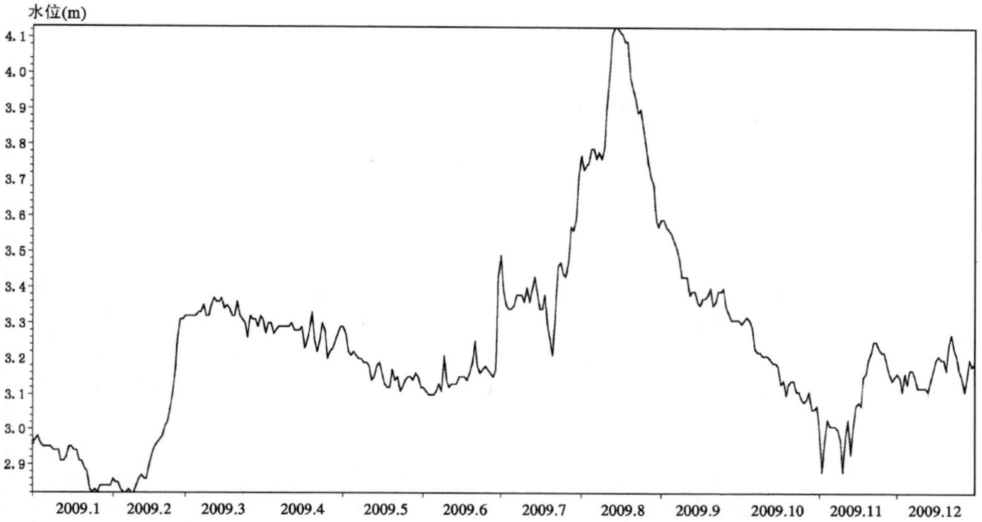

图 4.1.8　百渎口站 2009 年水位过程线

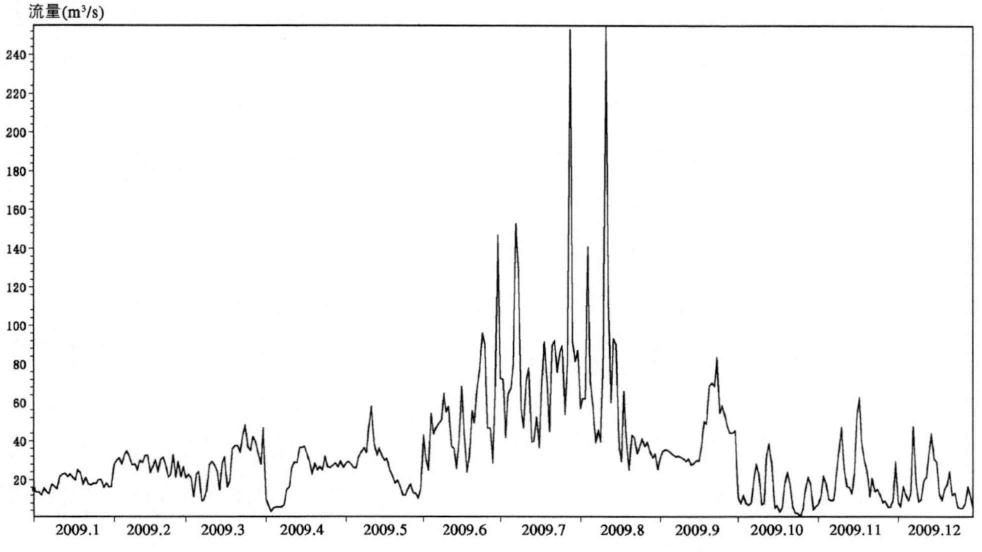

图 4.1.9　京杭运河九里站 2009 年流量过程线

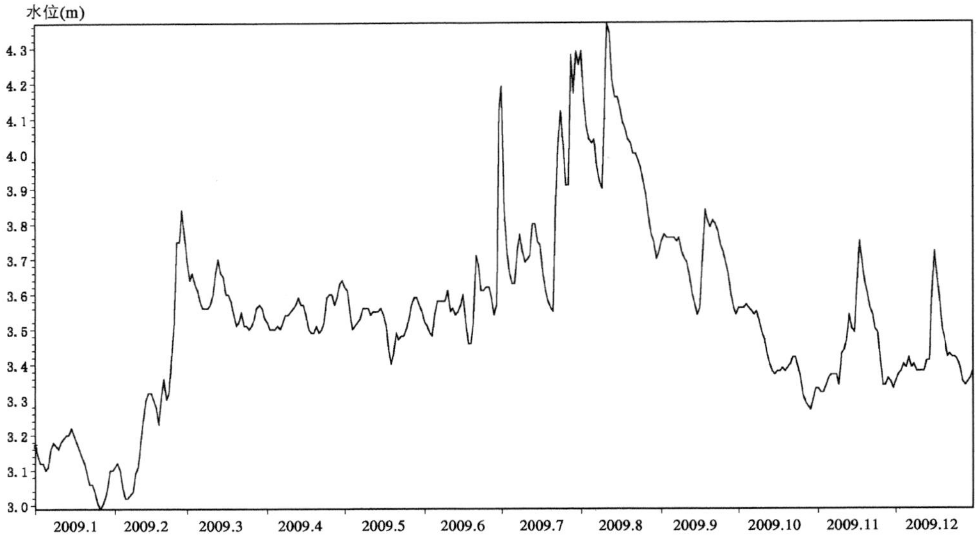

图 4.110　京杭运河横林站 2009 年水位过程线

(2) 水动力率定与验证

模型模拟时间为 1 年,计算时间步长取 10 min,河道糙率系数为主要的率定参数,MIKE11 中 HD 模块可以给不同河段、时间、空间赋予不同的河床糙率值,同时还可以沿断面横纵向位置设定不同糙率值。本次计算利用常州市 13 个水文站点 1997 年和 1999 年实测逐日水位流量资料对模型参数进行反复调整,最终确定河道糙率值在 0.020～0.035 之间,其中京杭运河 0.025、太滆运河 0.031、漕桥河 0.035、武宜运河 0.026、武进港 0.030、新孟河 0.032、德胜河 0.030。

利用常州市 13 个水文站点 2009 年逐日水文资料对模型进行了验证,结果表明,水位过程总体验证精度较高,流量过程验证精度相对较低,但是流量过程能反应河道流量变化趋势,主要水文站点水位平均误差小于 10%,流速小于 25%,说明所建立的水动力模型能够反映河道的主要水动力特征。太滆运河黄埝桥站、漕桥河漕桥站等典型测点的水位、流量过程验证如图 4.1.11—图4.1.14 所示。

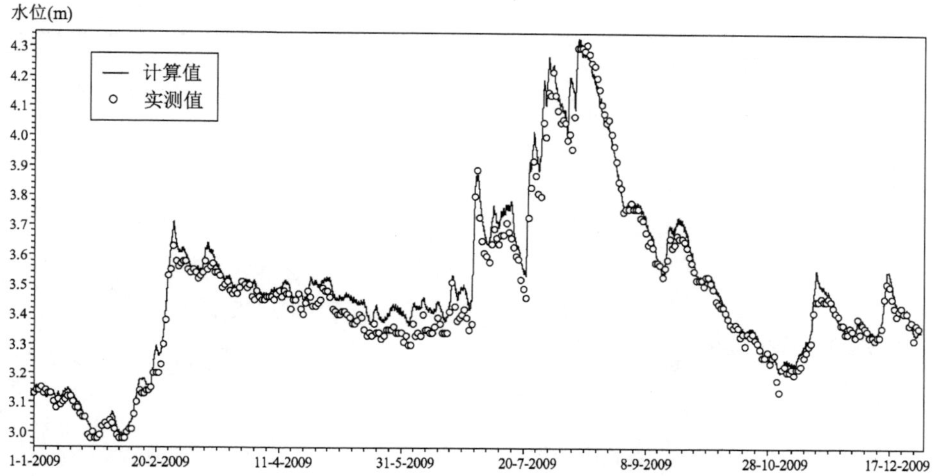

图 4.1.11 太滆运河黄埝桥站水位模拟值与实测值的比较

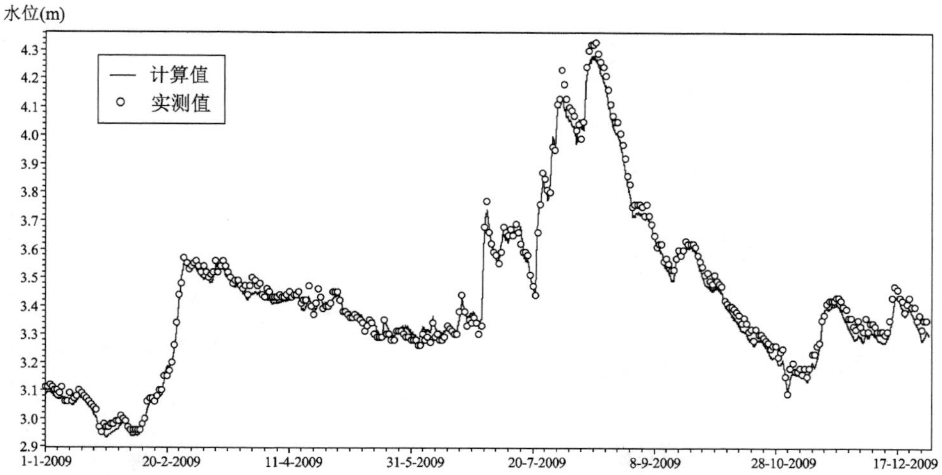

图 4.1.12 漕桥河漕桥站水位模拟值与实测值的比较

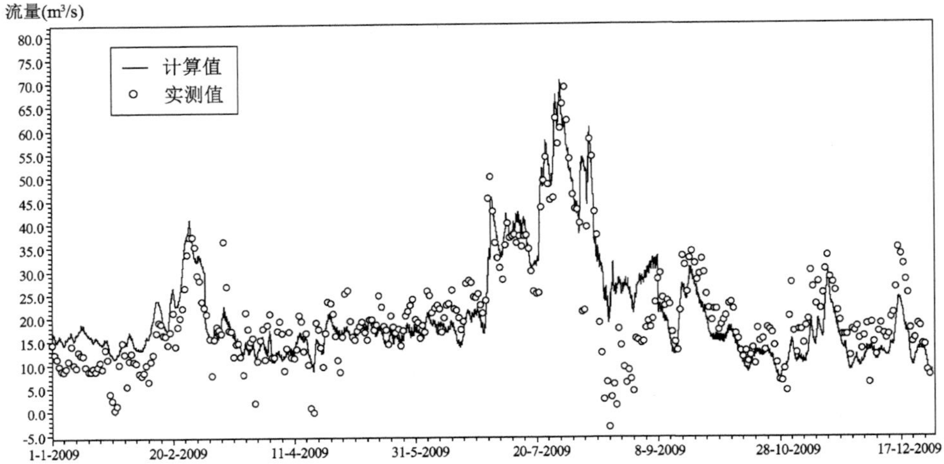

图 4.1.13　太滆运河黄埝桥站流量模拟值与实测值的比较

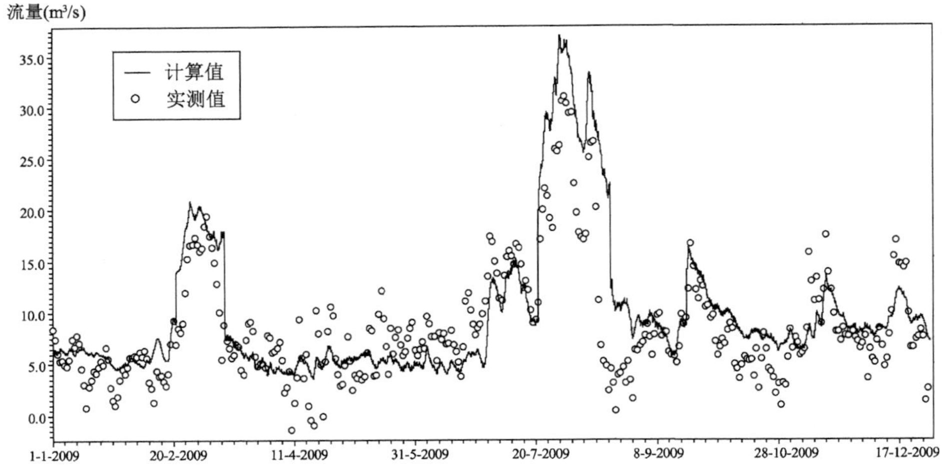

图 4.1.14　漕桥河漕桥站流量模拟值与实测值的比较

通过模拟得到流向结果示意图 4.1.15。

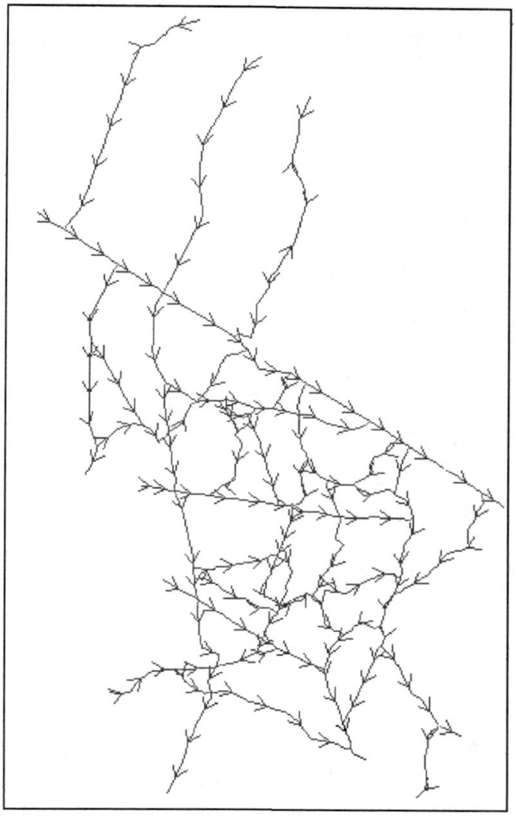

图 4.1.15 流向计算结果示意图

(3) 水质参数率定与验证

水质率定结果见图 4.1.16—图 4.1.18。

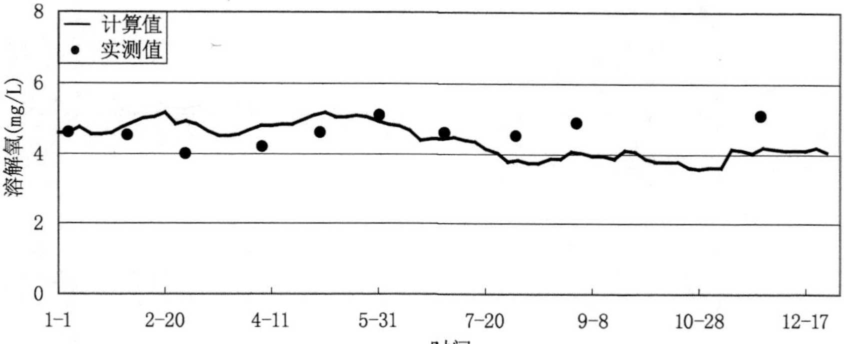

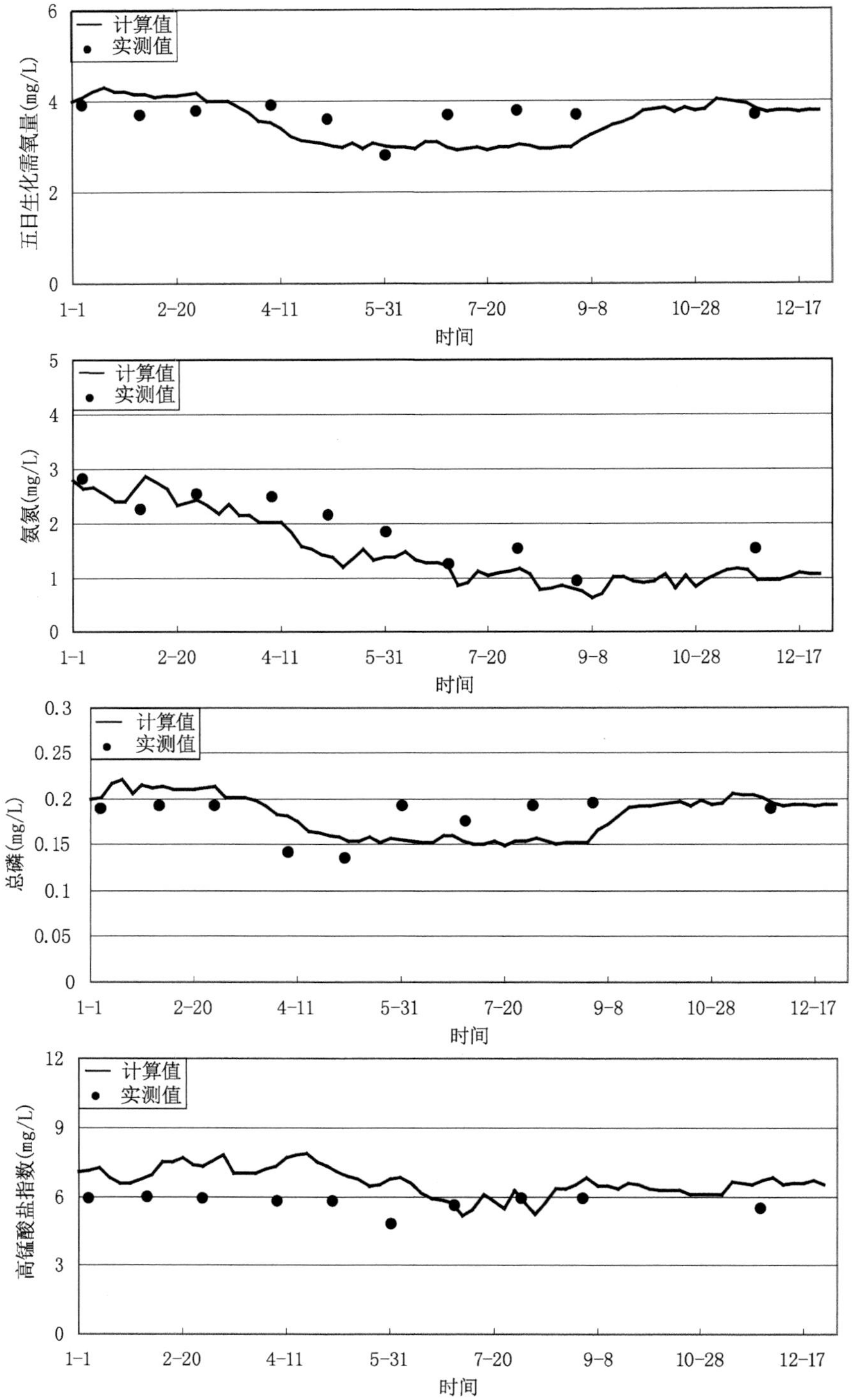

图 4.1.16　太滆运河黄埝桥断面水质浓度实测值与计算值比较

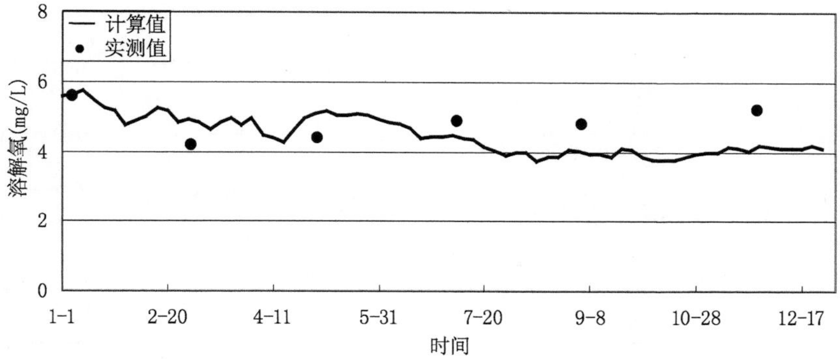
计算值
实测值
溶解氧(mg/L)
8
6
4
2
0
1-1
2-20
4-11
5-31
7-20
9-8
10-28
12-17
时间

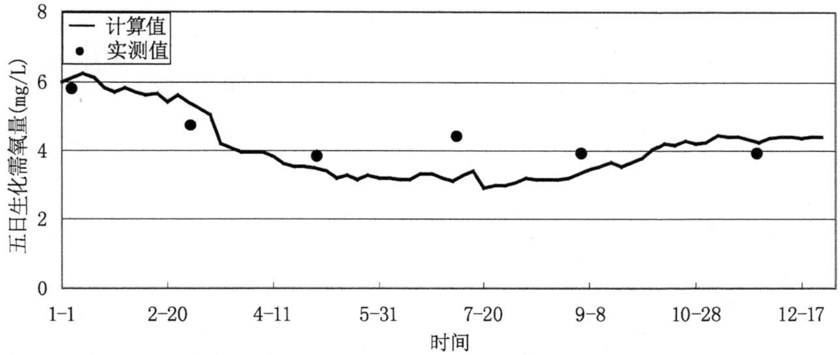
计算值
实测值
五日生化需氧量(mg/L)
8
6
4
2
0
1-1
2-20
4-11
5-31
7-20
9-8
10-28
12-17
时间

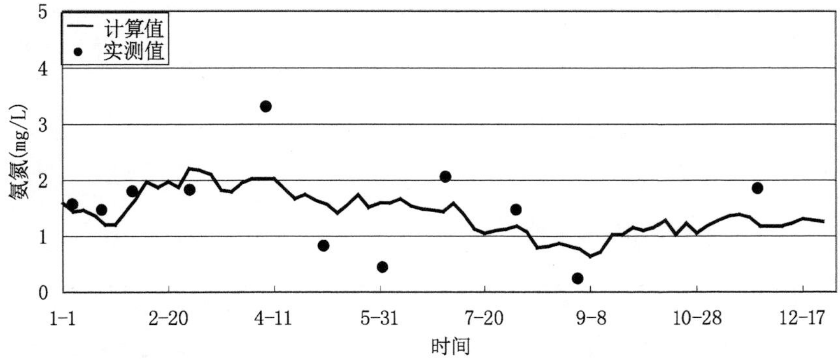
计算值
实测值
氨氮(mg/L)
5
4
3
2
1
0
1-1
2-20
4-11
5-31
7-20
9-8
10-28
12-17
时间

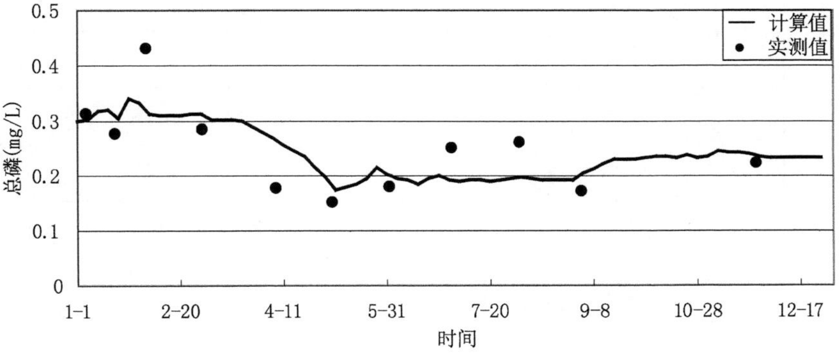
计算值
实测值
总磷(mg/L)
0.5
0.4
0.3
0.2
0.1
0
1-1
2-20
4-11
5-31
7-20
9-8
10-28
12-17
时间

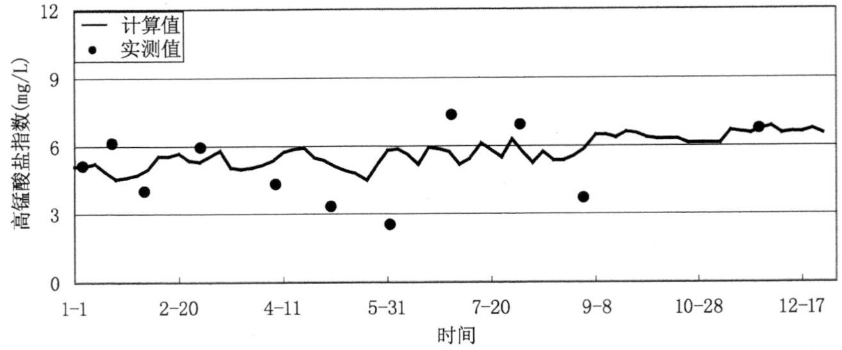

图 4.1.17　武宜运河水质浓度实测值与计算值比较

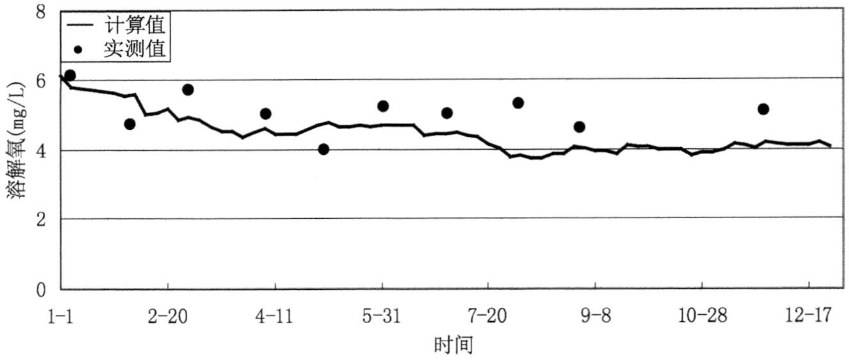

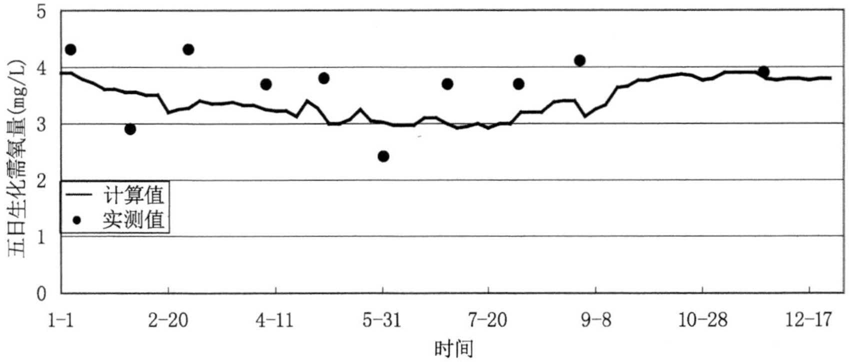

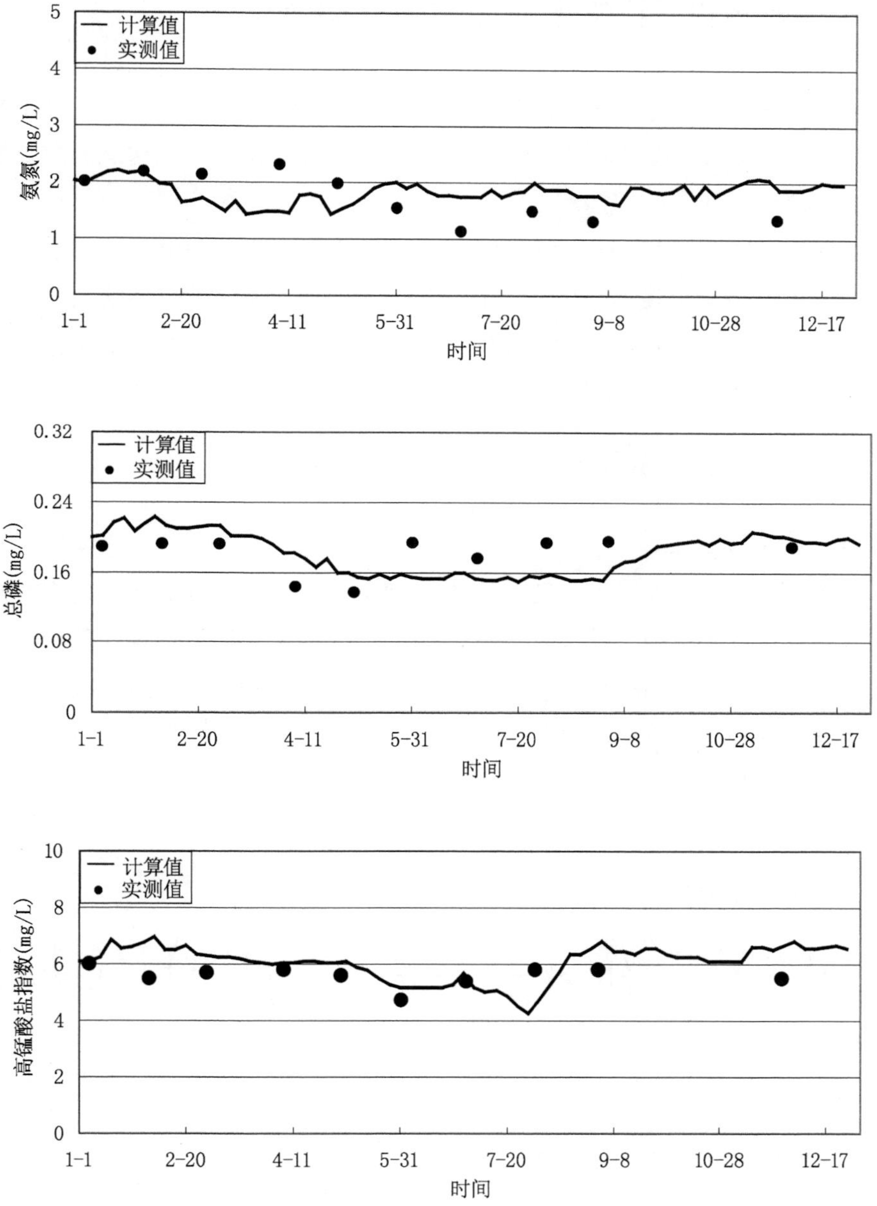

图 4.1.18 武进港戴溪桥断面水质浓度实测值与计算值比较

4.2 浅水湖泊二维生态动力学模型构建

采用丹麦水力研究所开发的 MIKE21 模型系统中的水动力学模块(HD)、对流扩散模块(AD)、水质反应模块(Ecolab)、富营养化模块(EU),构建滆湖二维生态动力学模型。

MIKE21 是丹麦水力研究所(简称 DHI)开发的系列水动力学软件之一,属于平面二维自由表面流模型。DHI 采用 MIKE21 作为研究手段,不断在应用中发展和改进该软件。20 多年来,MIKE21 在世界范围内大量工程应用经验的基础上持续发展,其在平面二维自由表面数值模拟方面具有强大的功能。

4.2.1 二维水动力模型

4.2.1.1 基本方程组

对于水平尺度远大于垂直尺度的情况,水深、流速等水力参数沿垂直方向的变化较之沿水平方向的变化要小得多,从而可将三维流动的控制方程沿水深积分,并取水深平均,得到沿水深平均的二维浅水流动质量和动量守恒控制方程组。

连续性方程:

$$\frac{\partial \xi}{\partial t}+\frac{\partial p}{\partial x}+\frac{\partial q}{\partial y}=\frac{\partial h}{\partial t} \tag{4.2.1}$$

X 方向动量方程:

$$\frac{\partial p}{\partial t}+\frac{\partial}{\partial x}\left(\frac{p^2}{H}\right)+\frac{\partial}{\partial y}\left(\frac{pq}{H}\right)+gh\frac{\partial \xi}{\partial x}+\frac{gp\sqrt{p^2+q^2}}{C^2H^2}-\frac{1}{\rho}\left[\frac{\partial}{\partial x}(H\tau_{xx})+\frac{\partial}{\partial y}(H\tau_{xy})\right]-fq-f_W|W|W_x=0 \tag{4.2.2}$$

Y 方向动量方程:

$$\frac{\partial q}{\partial t}+\frac{\partial}{\partial y}\left(\frac{q^2}{H}\right)+\frac{\partial}{\partial x}\left(\frac{pq}{H}\right)+gh\frac{\partial \xi}{\partial y}+\frac{gp\sqrt{p^2+q^2}}{C^2H^2}-\frac{1}{\rho}\left[\frac{\partial}{\partial y}(H\tau_{yy})+\frac{\partial}{\partial x}(H\tau_{xy})\right]+fq-f_W|W|W_y=0 \tag{4.2.3}$$

式中：H——水深(m)，$H=h+\xi$；

ξ、h——分别为水位和水深(m)；

p、q——分别为 x、y 方向上的流量通量；

C——谢才系数；

g——重力加速度；

f——科氏力系数；

P——大气压；

ρ——水的密度；

W、W_X、W_y——分别为风速及其在 x、y 方向上的分速度；

f_w——风阻力系数；

τ_{xx}、τ_{xy}、τ_{yy}——分别为各有效剪应力组分。

4.2.1.2 方程组的离散

(1) 空间差分

模型采用 ADI 逐行法对质量及动量方程分别进行时空上的积分，每个方向及每个单独的网格线产生的方程矩阵用追赶法求解。各个差分项在交错网格中的分布如图 4.2.1 所示。

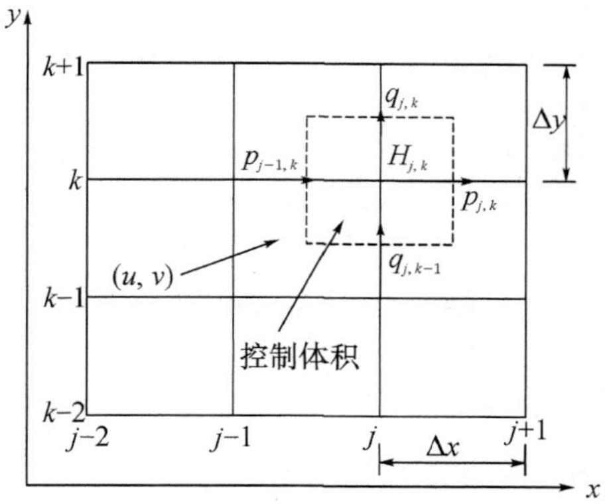

图 4.2.1 模型网格布置方式

(2) 时间中心差分

时间中心差分示意图见图 4.2.2，将一个时间步长中心差分，分为 x-sweep(t 从 n 到 $n+1/2$)和 y-sweep(t 从 $n+1/2$ 到 $n+1$)。

方程采用一维的推进方式，x-sweep 方向求解 x -连续方程和 x -动量方程时，看 ξ 从 n 到 $n+l/2$，p 从 n 到 $n+1$，q 为已知的 $n-1/2$ 到 $n+1/2$ 的值；y-sweep方向求解 y-连续方程和 y -动量方程时，看 ξ 从 n 到 $n+1/2$，q 从 n 到 $n+1$，p 为已知的 $n-1/2$ 到 $n+1/2$ 的值。

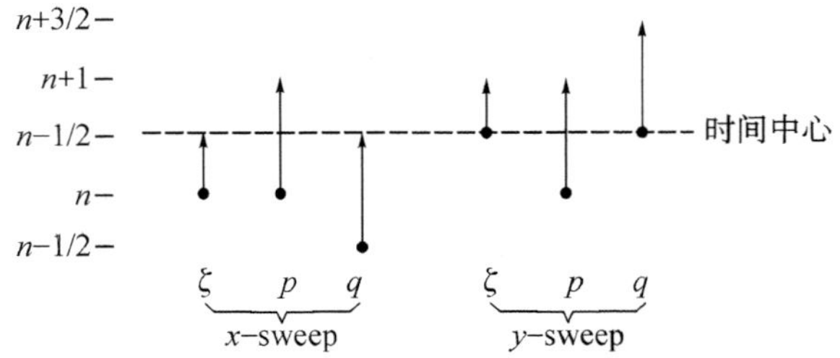

图 4.2.2　时间中心差分格式示意

时间中心差分形式是在 x-sweep 之后立刻进行 y-sweep 的循环求解，然而对于动量方程中的交叉项求解很难找到一个合适的时间中心点。为此，对动量方程中的交叉项求导采用 side-feeding 差分方式，见图 4.2.3。

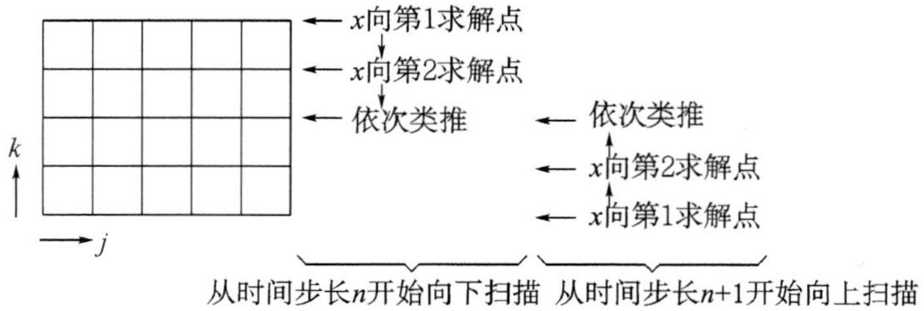

图 4.2.3　side-feedind 差分方式示意

在一个时间步长，x-sweep 采用沿 y 轴负方向求解，称为“down sweep”；在下一个时间步长 x-sweep 采用沿 y 轴正方向求解，称为“up sweep”。

在“down sweep”的时候，交叉微分 $\dfrac{\partial p}{\partial y}$ 在上方可以表示为 $p_{j,k+1}^{n+1}$，下方可以表示为 $p_{j,k-1}^{n+1}$，而在“up sweep”中正好相反。用这种方法对 $\dfrac{\partial p}{\partial y}$ 项，以 $n+1/2$ 为时间中心是可取的，sweep 计算循环见图 4.2.4。

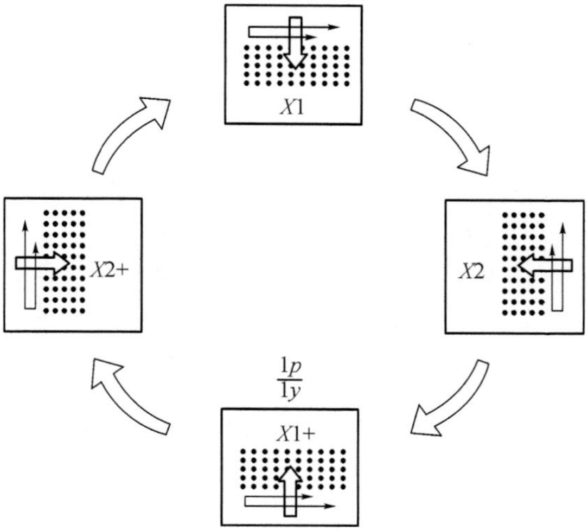

图 4.2.4 sweep 计算循环示意

(3) 方程离散

按照上述的离散原理对式(4.2.1)、式(4.2.2)、式(4.2.3)进行离散,式(4.2.1)按 ADI 格式 x -离散为:

$$2\left(\frac{\xi^{n+1/2}-\xi^{n}}{\Delta t}\right)_{j,k}+\frac{1}{2}\left\{\left(\frac{p_j-p_{j-1}}{\Delta x}\right)^{n+1}+\left(\frac{p_j-p_{j-1}}{\Delta x}\right)^{n}\right\}_k+ \\ \frac{1}{2}\left\{\left(\frac{q_j-q_{j-1}}{\Delta x}\right)^{n+1/2}+\left(\frac{q_j-q_{j-1}}{\Delta x}\right)^{n-1/2}\right\}_j=0 \tag{4.2.4}$$

按 y -离散为:

$$2\left(\frac{\xi^{n+1}-\xi^{n+1/2}}{\Delta t}\right)_{j,k}+\frac{1}{2}\left\{\left(\frac{p_j-p_{j-1}}{\Delta x}\right)^{n+1}+\left(\frac{p_j-p_{j-1}}{\Delta x}\right)^{n}\right\}_k+ \\ \frac{1}{2}\left\{\left(\frac{q_j-q_{j-1}}{\Delta x}\right)^{n+1/2}+\left(\frac{p_j-p_{j-1}}{\Delta x}\right)^{n+1/2}\right\}_j=0 \tag{4.2.5}$$

x 方向的运动方程(4.2.2)与 y 方向的运动方程(4.2.3)在差分形式上是一致的,在此仅列出 x 方向的差分形式。对 x 方向运动方程中的各项分别进行差分:每项逐一分析,按照时间中心差分,交错网格相对于 p, j, k 位置的空间中心,如图 4.2.5 所示。

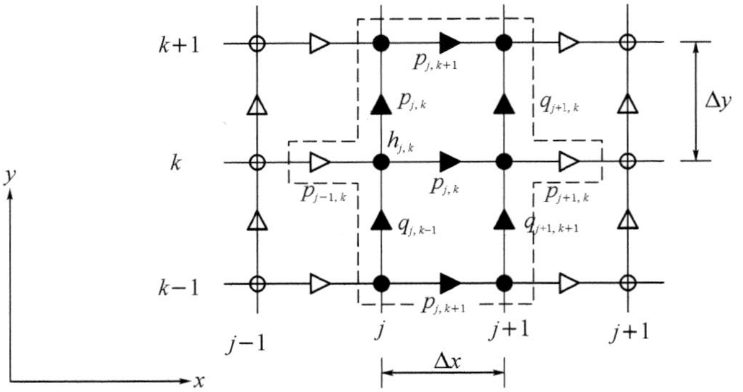

图 4.2.5　交错网格示意图

① 时间偏导项

$$\frac{\partial p}{\partial \gamma}=\left(\frac{p^{n+1}-p^{n}}{\Delta t}\right)_{j,k} \tag{4.2.6}$$

② 重力项

$$gh\frac{\partial \xi}{\partial x}=g\left(\frac{h_{j,k}+h_{j+1,k}}{2}\right)^{n}\left(\frac{\xi_{j+1,k}-\xi_{j,k}}{\Delta x}\right)^{n+1/2} \tag{4.2.7}$$

③ 动量对流项

$$\frac{\partial}{\partial x}\left(\frac{p^{2}}{h}\right)=\left[\frac{(p_{j+1}+p_{j})^{n+1}}{2}\frac{(p_{j+1}+p_{j})^{n}}{2}\frac{1}{h_{j+1}^{n}}-\frac{(p_{j}+p_{j-1})^{n+1}}{2}\frac{(p_{j}+p_{j-1})^{n}}{2}\frac{1}{h_{j}^{n}}\right]\frac{1}{\Delta x} \tag{4.2.8}$$

④ 交叉微分项

$$\frac{\partial}{\partial y}\left(\frac{pq}{h}\right)=\left[\frac{p_{k+1}^{a}+p_{k}^{b}}{2}\nu_{j+1/2,k+1/2}^{n+1/2}-\frac{p_{k}^{a}+p_{k-1}^{b}}{2}\nu_{j+1/2,k-1/2}^{n+1/2}\right]\frac{1}{\Delta y} \tag{4.2.9}$$

其中，

$$\nu_{j+1/2,k+1/2}^{n+1/2}=\frac{2\,(q_{j}+q_{j+1})_{k}^{n+1/2}}{(h_{j,k}+h_{j,k+1}+h_{j+1,k}+h_{j+1,k+1})^{n}} \tag{4.2.10}$$

$$\nu_{j+1/2,k-1/2}^{n+1/2}=\frac{2\,(q_{j}+q_{j+1})_{k}^{n+1/2}}{(h_{j,k-1}+h_{j,k}+h_{j+1,k-1}+h_{j+1,k})^{n}} \tag{4.2.11}$$

down sweep 时：$a = n + l, b = n$；

up sweep 时：$a = n, b = n + 1$。

⑤ 风阻力项中各值已知，风阻力系数用 Smith 和 Banke 方法计算：

$$f_W = \begin{cases} f_o & W < W_0 \\ f_o + \dfrac{W - W_0}{W_1 - W_0}(f_1 - f_0) & W_0 < W < W_1 \\ f_1 & W > W_1 \end{cases} \tag{4.2.12}$$

其中：

$$f_0 = 0.000\,63, \quad W_0 = 0 \text{ m/s}$$

$$f_0 = 0.002\,6, \quad W_1 = 30 \text{ m/s}$$

⑥ 底床阻力项：

$$\frac{gp\sqrt{p^2 + g^2}}{C^2 h^2} = \frac{gp_{j,k}^{n+1}\sqrt{p^{*2} + q^{*2}}}{C^2 h^2} \tag{4.2.13}$$

其中：

$$p^* = p_{j,k}^n$$

$$q^* = \frac{1}{8}(q_{j,k}^{n-1/2} + q_{j+1,k}^{n-1/2} + q_{j,k-1}^{n-1/2} + q_{j+1,k-1}^{n-1/2} + q_{j,k}^{n+1/2} + q_{j+1,k}^{n+1/2} + q_{j,k-1}^{n+1/2} + q_{j+1,k-1}^{n+1/2})$$

$$h^* = \begin{cases} h_{j,k}^n \text{ for } p^* \geqslant 0 \\ h_{j-1,k}^n \text{ for } p^* < 0 \end{cases}$$

⑦ 科氏项用显式表达：

$$\begin{aligned} fq &= fq^* \\ &= \frac{1}{8}(q_{j,k}^{n-1/2} + q_{j+1,k}^{n-1/2} + q_{j,k-1}^{n-1/2} + q_{j+1,k-1}^{n-1/2} + q_{j,k}^{n+1/2} + q_{j+1,k}^{n+1/2} + q_{j,k-1}^{n+1/2} + q_{j+1,k-1}^{n+1/2}) \end{aligned} \tag{4.2.14}$$

4.2.1.3 边界条件

(1) 自由表面边界条件

自由表面风在 x 方向和 y 方向上对水面的剪切应力分别为：

$$\tau_{sx} = f\rho|\mathbf{W}|\mathbf{W}_x \quad \tau_{sy} = f\rho|W|W_y \tag{4.2.15}$$

式中：f ——风阻力系数；

ρ ——空气密度；

$\boldsymbol{W}_x$、$\boldsymbol{W}_y$—— 分别为风速矢量 $\boldsymbol{W}$ 在 x 方向和 y 方向上的分量。

(2) 底床边界条件

底床边界条件主要考虑底床摩擦应力项，在 x 方向和 y 方向上的形式分别为：

$$\tau_{bx}=C_f(u^2+v^2)\frac{u\rho}{\sqrt{u^2+v^2}} \quad \tau_{by}=C_f(u^2+v^2)\frac{v\rho}{\sqrt{u^2+v^2}} \tag{4.2.16}$$

(3) 固壁边界

利用岸壁法，取法向不可入条件，即法向流速为零。

$$V_n=V\cdot n=0 \tag{4.2.17}$$

(4) 开边界

可采用边界水位过程或流速过程，即按边界网格线方向，求得流速分量 u 和 v，然后再纳入过程计算。若已知边界入流或出流流量过程，也可以采用流量边界条件进行计算。

(5) 移动边界

模型区域内边滩存在淹没和露滩交替的现象，具有可移动边界的特点。对于此类边界的处理，采用干湿点判别法对动态边界水域进行处理。即在模拟中，当水位下降出现露滩时，则在计算中去除相应的网格；当水位上升淹没时，计算中添加相应的网格。如果流速点处的总水深小于临界水深，此点为“干点”，流速值取为 0；如果流速点处的总水深增加，大于临界水深值，则此点再变为“湿点”，取计算的流速值。为提高模型计算的稳定性，一般从干到湿的临界水深值要略大于从湿到干的临界水深值。当计算网格水位点周围所有四个流速点均为“干点”时，则此网格按露滩处理。

4.2.2 二维生态动力学模型

4.2.2.1 控制方程

生态动力学模型是在水动力学模型的基础上，进一步求解输移扩散方程，方程如下：

$$\frac{\partial C}{\partial t}+U\frac{\partial C}{\partial x}+V\frac{\partial C}{\partial y}=\frac{\partial}{\partial x}\left(E_x\frac{\partial C}{\partial x}\right)+\frac{\partial}{\partial y}\left(E_y\frac{\partial C}{\partial y}\right)+D+S \tag{4.2.18}$$

式中：C—— 污染物或生态变量的浓度；E_x，E_y—— 为污染物的纵向扩散系数和横向扩散系数；D—— 生态动力转化项；S—— 源汇项。

方程包括对流扩散项、生化项和源汇项，其中源汇项 S 主要是污染物经周边环境进入湖泊水库的浓度变化率，在富营养化模型中，主要考虑营养盐的输入量；生态动力转化项 D 是生态动力学模型的核心，也是富营养化模型建立的主要难点。

4.2.2.2 模型的生化反应项方程

由于浮游植物的大量繁殖是富营养化水体的重要标志，也是造成危害的主要因素，而叶绿素 a 是浮游植物现存量的重要指标，水体叶绿素 a 含量的高低能够反映水体的营养状况。因此，叶绿素 a 常作为湖泊富营养化调查的一个重要参数，并且在水体富营养状况评价中起关键作用。故本书以叶绿素 a 的含量来说明水体藻类的含量及评价水体的富营养化水平。

在水环境中，有多种物理-化学过程影响营养物质、浮游植物、碳质物质和溶解氧的迁移以及它们之间的相互作用。营养物质的累积、藻类的生长呼吸和溶解氧的损耗过程，包含四个相互作用的生态子循环，分别为氮循环、磷循环、氧平衡和浮游植物动力学。本书主要考虑与藻类生长有关的因素进行模拟，共模拟八个变量，它们分别是藻类、氨氮 NH_3-N、硝酸盐氮 NO_3-N、无机磷 PO_4^{3-}-P、碳化需氧量 CBOD、溶解氧 DO、有机氮 ON、有机磷 OP。这八个变量之间的相互关系为无机磷、氨氮、硝酸盐氮被藻类吸收利用，部分被藻类转化成有机磷和有机氮，通过矿化作用，有机磷和有机氮又被转化成无机磷和氨氮，氨氮又由硝化作用转化成硝酸盐氮，在这些转化过程中，溶解氧和藻类等又起着重要作用，见图 4.2.6。

在下文的说明中分别用符号 C_1、C_2、C_3、C_4、C_5、C_6、C_7 和 C_8 表示氨氮、硝酸盐氮、无机磷、藻类、碳化需氧量、溶解氧、有机氮和有机磷的浓度。

(1) 藻类生态动力转化项

在水体中，藻类通过吸收太阳光能，利用营养物质进行光合作用合成有机质

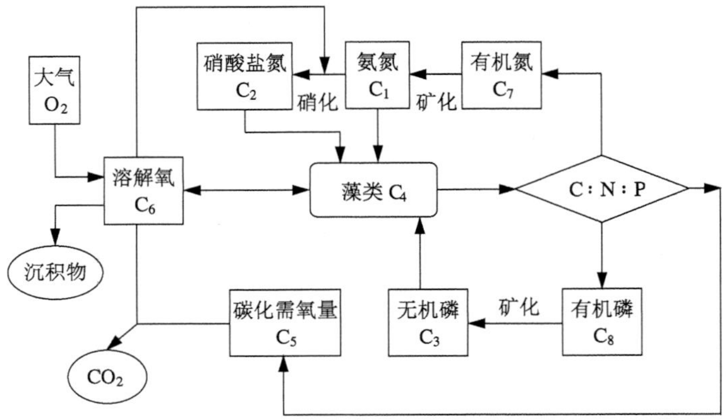

图 4.2.6　藻类及各营养盐间的相互关系

使其生物量增加，因此分析营养物、太阳光能、水温等对藻类生长的影响，其相互关系如下：

$$D(C_4)=\frac{\partial C_4}{\partial t}=\left(G_{P1}-D_{P1}-\frac{V_{S4}}{D}\right)C_4 \tag{4.2.19}$$

式中：G_{P1}——藻类增长率，1/d；

D_{P1}——藻类损失率，1/d；

V_{S4}——藻类沉降速度；

D——水深；

G_{P1}——营养盐浓度、水温、太阳辐射对藻类生长率的综合影响项，其计算公式如下：

$$G_{P1}=G(N)\cdot f(T)\cdot G(I) \tag{4.2.20}$$

式中：$G(N)$——营养盐浓度对藻类生长率的影响项；

$f(T)$——水温对藻类生长率的影响项；

$G(I)$——太阳辐射对藻类生长率的影响项。

$$G(N)=\min\left\{\frac{N}{K_{mN}+N},\frac{P}{K_{mP}+P}\right\} \tag{4.2.21}$$

式中：K_{mN}——氮的半饱和系数，mgN/L；

K_{mP}——磷的半饱和系数，mgP/L；

N、P ——分别为溶解态无机氮和无机磷的浓度，mg/L。

$$f(T)=K_{1C}\theta_{1C}^{(T-T_{opt})} \tag{4.2.22}$$

式中：K_{1C} ——藻类在20℃时的生长率，1/d；

θ_{1C} ——温度系数，无量纲；

T ——水温，℃；

T_{opt} ——藻类最佳生长温度，℃。

$$G(I)=\frac{ef}{K_eD}\left\{\exp\left[-\frac{I_0}{I_s}\exp(-K_eD)\right]-\exp\left(-\frac{I_0}{I_s}\right)\right\} \tag{4.2.23}$$

式中：e ——自然对数底；

K_e ——光在水中的衰减系数，1/m；

f ——日照时数；

I_0 ——水面下的光强；

I_s ——饱和光强；

D ——水深。

藻类损失率 D_{P1} 的计算公式如下：

$$D_{P1}=K_{1R}\theta_{1R}^{T-20}+K_{1D} \tag{4.2.24}$$

式中：K_{1R} ——20℃藻类呼吸率，1/d；

θ_{1R} ——温度系数；

K_{1D} ——藻类死亡率，1/d。

(2) 氨氮的生态动力转化项

$$D(C_1)=\frac{\partial C_1}{\partial t}=D_{P1}a_{NC}(1-f_{ON})C_4+k_{71}\theta_{71}^{(T-20)}\left(\frac{C_4}{K_{mpc}+C_4}\right)C_7-G_{P1}a_{NC}P_{NH_3}C_4 -k_{12}\theta_{12}^{(T-20)}\left(\frac{C_6}{K_{NIT}+C_6}\right)C_1 \tag{4.2.25}$$

式中：a_{NC} ——氮碳比率，mgN/mgC；

f_{ON} ——藻类死亡和呼吸输出的有机氮的分数；

k_{71} ——20℃有机氮的矿化率，1/d；

θ_{71} ——温度系数；

K_{mpc} ——藻类的半饱和常数，mgC/L；

P_{NH_3} ——氨的优先选择系数；

k_{12} ——20℃的硝化率，1/d；

θ_{12} ——温度系数；

K_{NIT} ——氨的半饱和常数，mgN/L。

（3）硝酸盐氮的生态动力转化项

$$D(C_2)=\frac{\partial C_2}{\partial t}=k_{12}\theta_{12}^{(T-20)}\left(\frac{C_6}{K_{NIT}+C_6}\right)C_1-G_{P1}a_{NC}(1-P_{NH_3})C_4 -k_{2D}\theta_{2D}^{(T-20)}\left(\frac{K_{NO_3}}{K_{NO_3}+C_4}\right)C_2 \tag{4.2.26}$$

式中：k_{2D} ——底泥反硝化率，1/d；

θ_{2D} ——温度系数；

K_{NO_3}——硝酸的半饱和系数，mgN/L。

（4）有机氮的生态动力转化项

$$D(C_7)=\frac{\partial C_7}{\partial t}=D_{P1}a_{NC}f_{ON}C_4-k_{71}\theta_{71}^{(T-20)}\left(\frac{C_4}{K_{mpc}+C_4}\right)C_7-\frac{V_{S7}(1-f_{D7})}{D}C_7 \tag{4.2.27}$$

式中：f_{D7} ——有机氮的溶解率；

V_{S7} ——有机氮沉降速率，m/d。

（5）无机磷的生态动力转化项

$$D(C_3)=\frac{\partial C_3}{\partial t}=D_{P1}a_{PC}(1-f_{OP})C_4+k_{83}\theta_{83}^{(T-20)}\left(\frac{C_4}{K_{mpc}+C_4}\right)C_8-G_{P1}a_{PC}C_4 \tag{4.2.28}$$

式中：a_{PC} ——磷碳比率，mgP/mgC；

f_{OP} ——藻类死亡和呼吸输出的有机磷的分数；

k_{83} ——20℃有机磷的矿化率，1/d；

θ_{83} ——温度系数。

(6) 有机磷的生态动力转化项

$$D(C_8)=\frac{\partial C_8}{\partial t}=D_{P1}a_{PC}f_{OP}C_4-k_{83}\theta_{83}^{(T-20)}\left(\frac{C_4}{K_{mpc}+C_4}\right)C_8-\frac{V_{S8}(1-f_{D8})}{D}C_8 \tag{4.2.29}$$

式中：f_{D8}——有机磷的溶解率；

V_{S8}——有机磷的沉降速率，m/d。

(7) 生化需氧量的生态动力转化项

$$D(C_5)=\frac{\partial C_5}{\partial t}=a_{OC}K_{1D}C_4-k_d\theta_d^{(T-20)}\left(\frac{C_6}{K_{BOD}+C_6}\right)C_5-\frac{V_{S3}(1-f_{D5})}{D}C_5 -\frac{5}{4}\times\frac{32}{14}k_{2D}\theta_{2D}^{(T-20)}\left(\frac{K_{NO_3}}{K_{NO_3}+C_6}\right)C_2 \tag{4.2.30}$$

式中：a_{OC}——氧碳比，32/12，mgO_2/mgC；

k_d——20℃的还原系数，1/d；

θ_d——温度系数；

K_{BOD}——氧的半饱和系数，mgO_2/L；

V_{S5}——有机物沉降速率，m/d；

f_{D5}——溶解的 CBOD 分数；

k_{2D}——20℃的反硝化系数，1/d；

θ_{2d}——温度系数；

(8) 溶解氧的生态动力转化项

$$D(C_6)=\frac{\partial C_6}{\partial t} =k_2(C_S-C_6)-k_d\theta_d^{(T-20)}\left(\frac{C_6}{K_{BOD}+C_6}\right)C_5-\frac{64}{14}k_{12}\theta_{12}^{(T-20)}\left(\frac{C_6}{K_{NIT}+C_6}\right)C_1 -\frac{SOD}{D}\theta_S^{(T-20)}+G_{P1}\left[\frac{32}{12}+\frac{48}{14}\times\frac{14}{12}(1-P_{NH_3})\right]C_4-\frac{32}{12}K_{1R}\theta_{1R}^{(T-20)}C_4 \tag{4.2.31}$$

式中：k_2——20℃的复氧系数；

SOD——沉积物需氧量，$g/(m^2 \cdot d)$；

θ_S ——温度系数；

C_S ——饱和溶解氧，mgO_2/L。

4.2.3 滆湖二维生态动力学模型构建

4.2.3.1 研究区域概化

湖泊湖流运动主要受风的影响，计算时未考虑吞吐流对湖流的影响，环湖河道只作为边界条件引入。将主要出入湖河道概化为中干河、北干河、湟里河、扁担河、武南河、殷村港、漕桥河和太滆运河等，其中出湖河流主要分布在湖东岸，入湖河流在西岸。

4.2.3.2 计算网格剖分

（1）滆湖水下地形

根据2007年滆湖水下地形测量资料，湖底高程为－1.49～3.64 m（吴淞基面），滆湖水下地形见图4.2.7。

（2）滆湖淤泥分布

根据2007年滆湖底泥勘测资料，绘制出湖区底泥厚度分布等值线图，如图4.2.8所示。滆湖底泥分布相对较浅，平均深度为0.25 m，最深为2.5 m，底泥蓄积量约为5 100万m^3，底泥深度在0～0.2 m的面积约为84.25 km^2，薄泥区分布最大面积的泥深区间在0～0.2 m，占51%。

（3）计算网格布置

将滆湖划分为6 019个三角形网格计算单元，共3 245个结点，网格分布见图4.2.9。

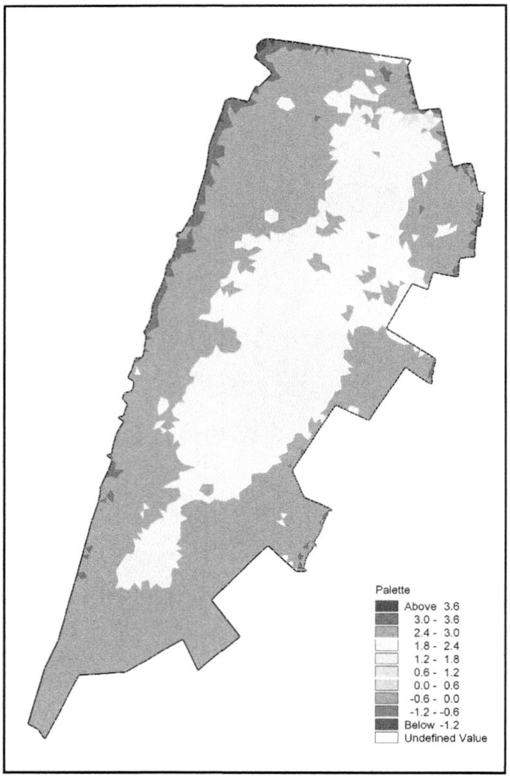

图 4.2.7 滆湖水下地形图

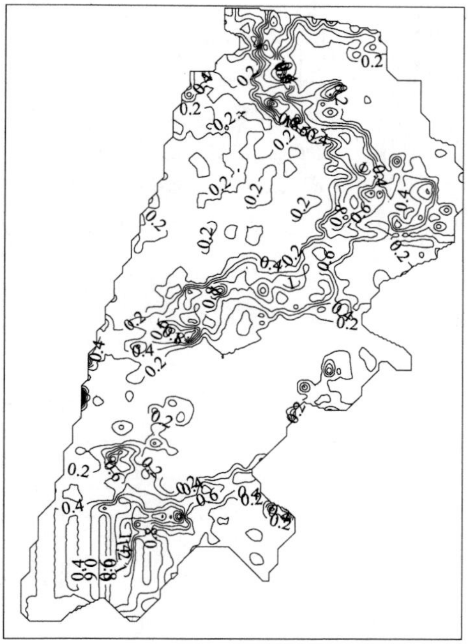

图 4.2.8 滆湖底泥厚度分布等值线图

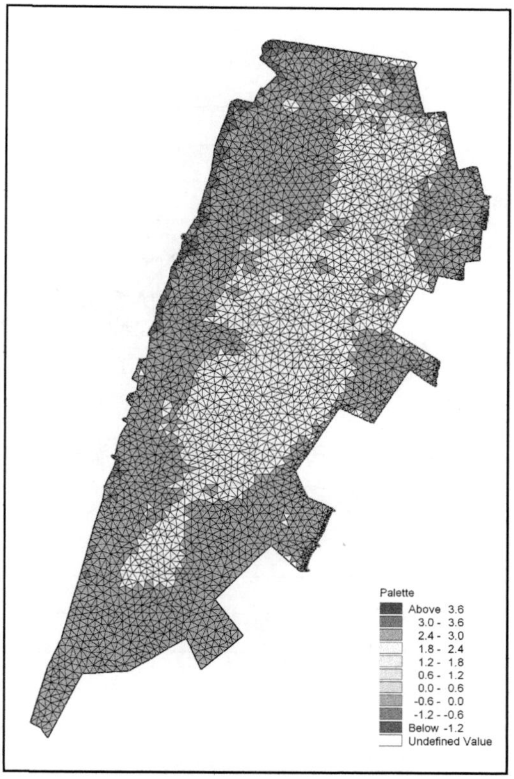

图 4.2.9 滆湖计算网格布置图

4.2.3.3 边界条件

将主要出入湖河流的水量水质实测资料作为模型计算的边界条件。

2009 年，滆湖主要入湖河流平均日流量年变化过程见图 4.2.10，扁担河等 5 条主要入湖河流的入湖流量为 8.04×10^8 m^3，其中扁担河流量最大，占入湖总流量的 46%，其次为北干河，约占入湖总流量的 23%，见图 4.2.11～图 4.2.15。

2009 年，滆湖主要入湖河流氨氮变化过程见图 4.2.16。实测氨氮浓度为 0.21～3.59 mg/L，其中湟里河氨氮平均浓度最高，达到 2.15 mg/L，夏溪河、中干河、扁担河和北干河实测氨氮平均值分别为 1.49 mg/L、1.12 mg/L、1.01 mg/L 和 0.70 mg/L。

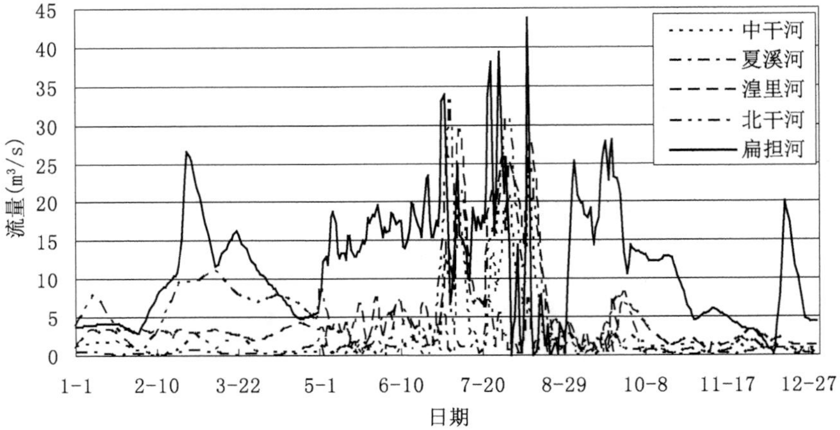

图 4.2.10　2009 年滆湖主要入湖河流平均日流量年变化过程

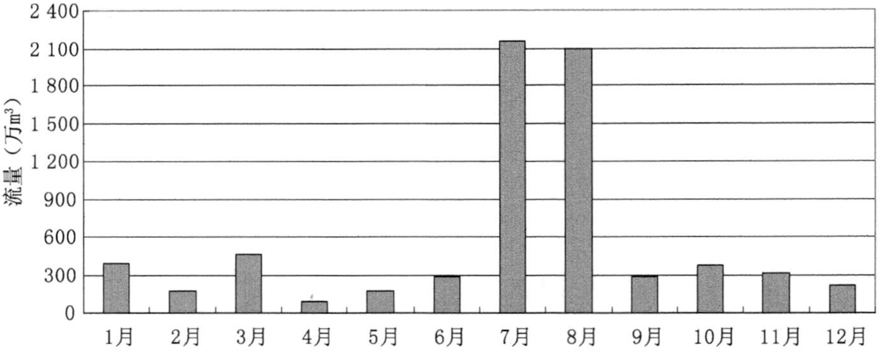

图 4.2.11　2009 年滆湖主要入湖河流——中干河流量变化情况

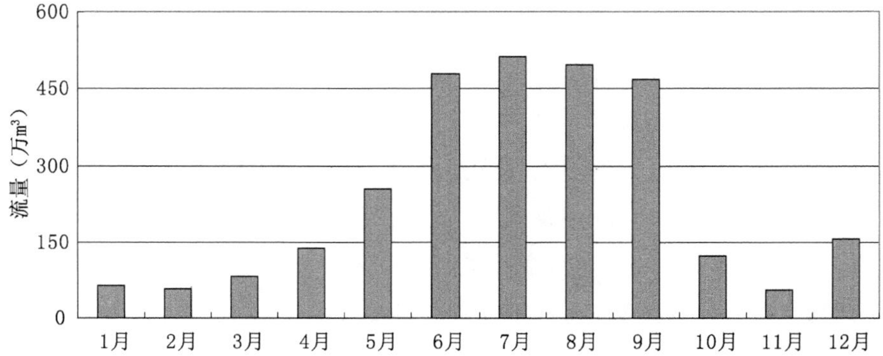

图 4.2.12　2009 年滆湖主要入湖河流——夏溪河流量变化情况

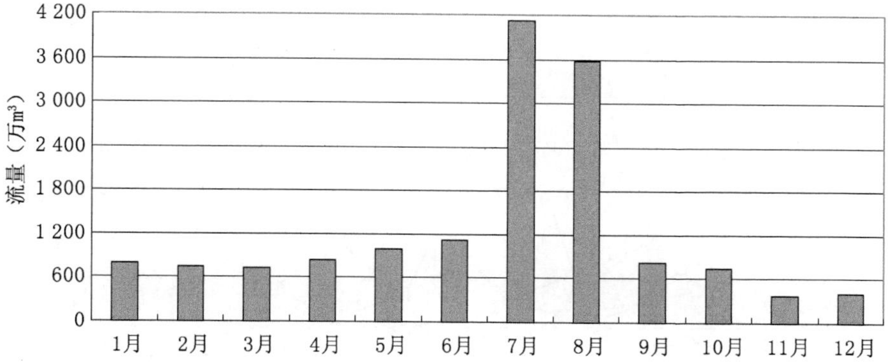

图 4.2.13　2009 年滆湖主要入湖河流——湟里河流量变化情况

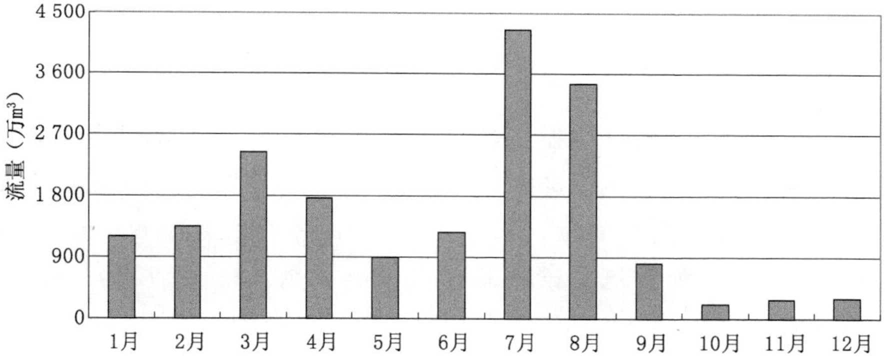

图 4.2.14　2009 年滆湖主要入湖河流——北干河流量变化情况

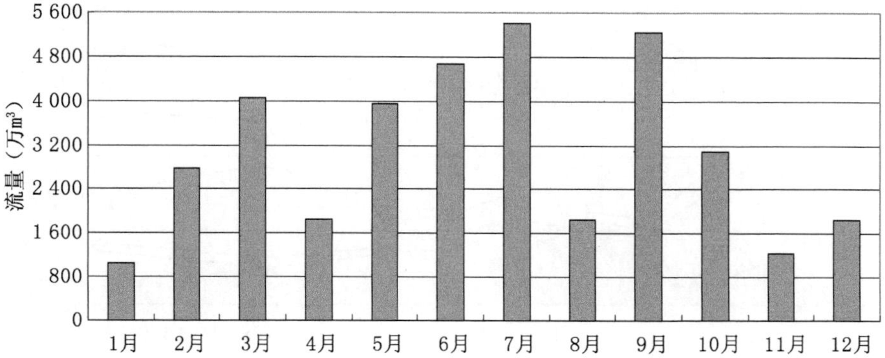

图 4.2.15　2009 年滆湖主要入湖河流——扁担河流量变化情况

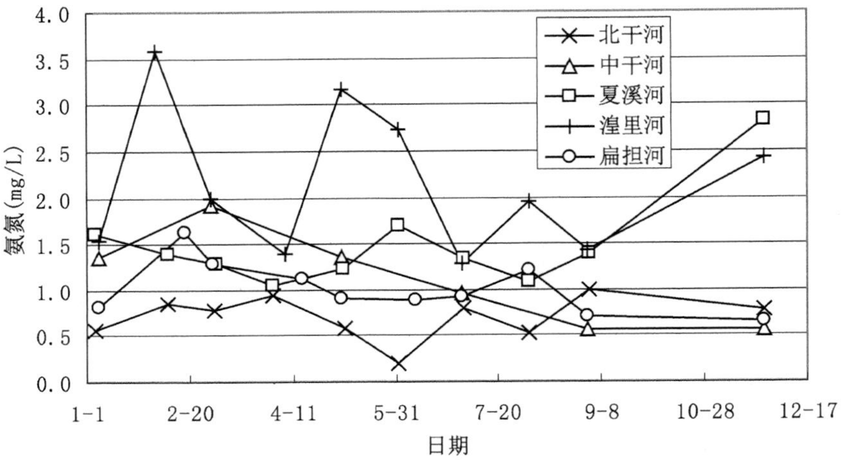

图 4.2.16　2009 年主要入湖河流氨氮变化过程

2009 年滆湖主要入湖河流总磷的变化情况见图 4.2.17。湟里河水体中总磷含量最高，其实测浓度为 0.236～0.624 mg/L，平均值为 0.451 mg/L；北干河总磷含量最低，其实测浓度为 0.02～0.16 mg/L，平均值为 0.095 mg/L；扁担河、夏溪河和中干河实测总磷平均值分别为 0.233 mg/L、0.195 mg/L 和 0.156 mg/L。

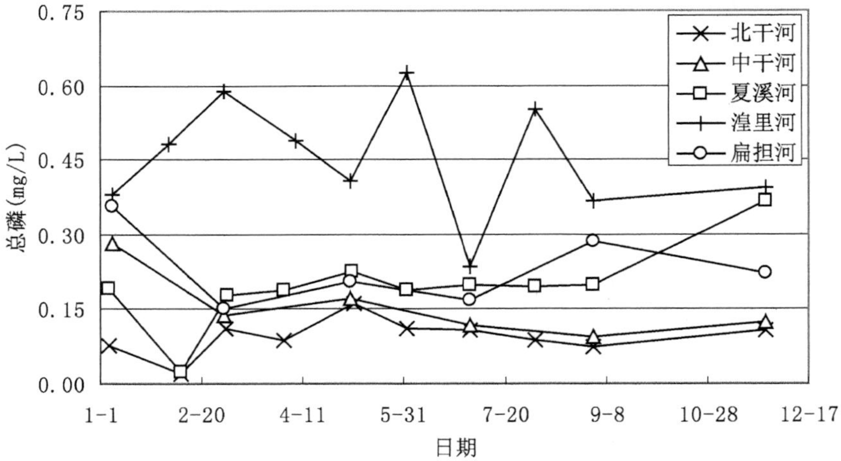

图 4.2.17　2009 年主要入湖河流总磷变化过程

2009年滆湖主要入湖河流BOD5的变化情况见图4.2.18。实测BOD5的变化范围为2.2～7.0 mg/L,年均值为4.3 mg/L;夏溪河水体中BOD5含量最高,其实测浓度为4.2～7.0 mg/L,平均值为5.2 mg/L;北干河BOD5含量最低,其实测浓度为3.2～3.8 mg/L,平均值为3.5 mg/L;湟里河、扁担河和中干河实测总磷平均值分别为4.9 mg/L、4.5 mg/L和3.7 mg/L。

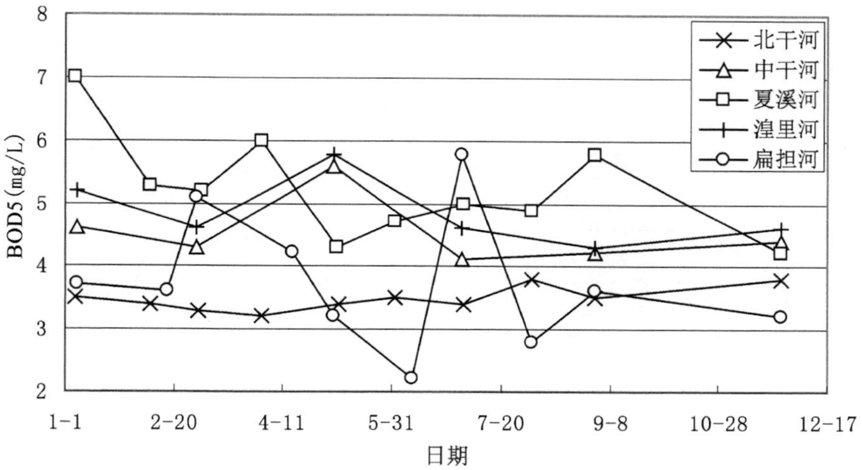

图4.2.18 2009年主要入湖河流BOD5变化过程

2009年,滆湖主要入湖河流DO的变化趋势见图4.2.19,实测DO浓度为

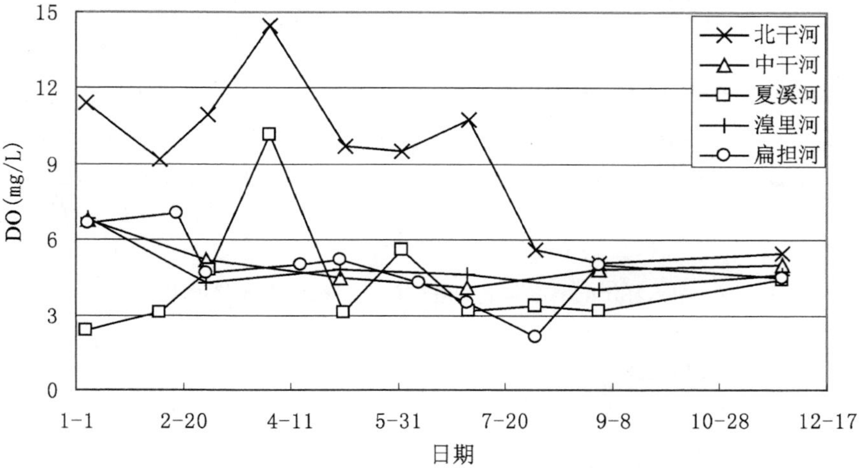

图4.2.19 2009年主要入湖河流DO变化过程

2.1～14.5 mg/L，平均值为 5.8 mg/L；北干河水体中 DO 含量最高，其实测浓度为 5.1～14.5 mg/L，平均值为 9.2 mg/L；夏溪河 DO 含量最低，其实测浓度为 2.4～10.2 mg/L，平均值为 4.34 mg/L；中干河、湟里河和扁担河实测 DO 平均值分别为 5.1 mg/L、4.87 mg/L 和 4.81 mg/L。

2009 年，滆湖水温变化趋势见图 4.2.20，实测水温为 4.2～28.2℃；滆湖坊前站逐日降水量见图 4.2.21。

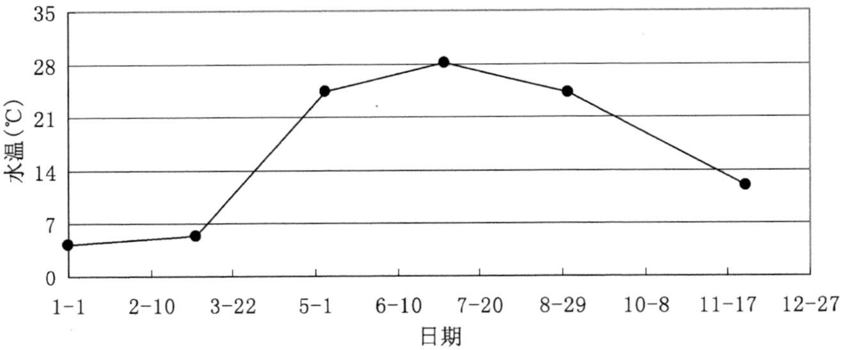

图 4.2.20　2009 年滆湖水温 WT 变化过程

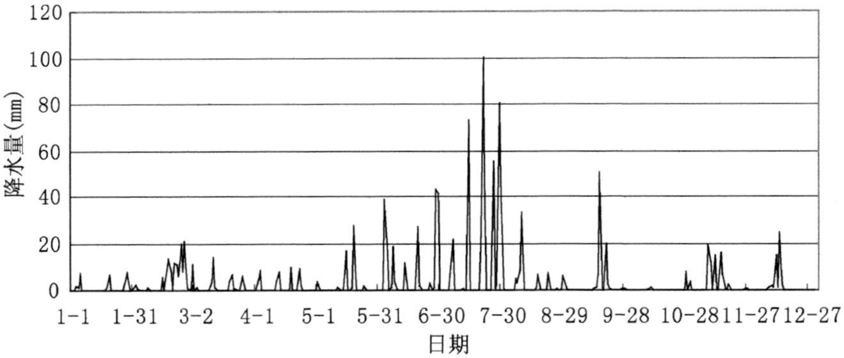

图 4.2.21　2009 年滆湖坊前站逐日降水量变化过程

4.2.3.4　模型率定与验证

利用 2009 年实测水文、水质、生物、气象资料对模型参数进行了率定，水动力率定结果见图 4.2.22，水质率定结果见图 4.2.23—图 4.2.26。

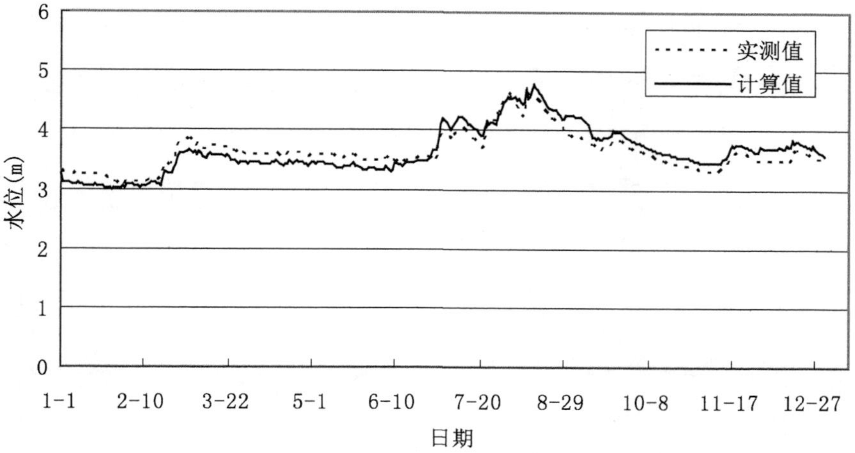

图 4.2.22 漏湖坊前站水位模拟值与实测值的比较

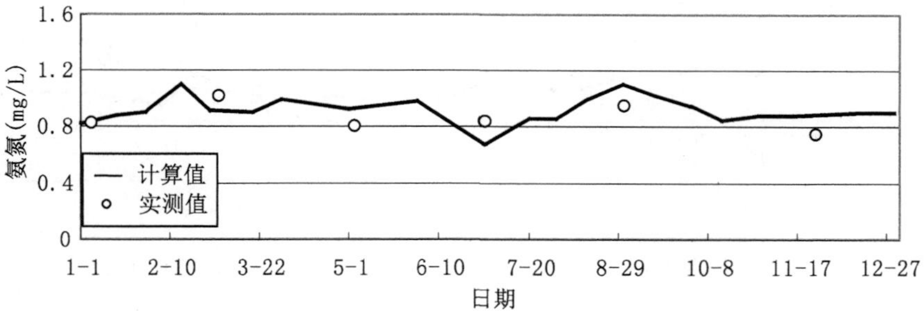

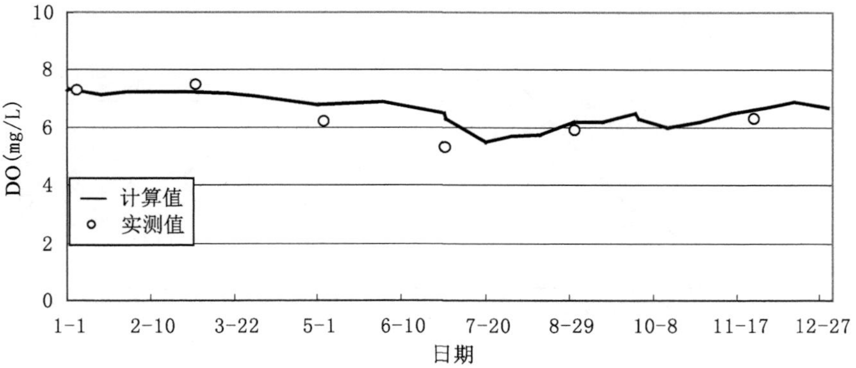

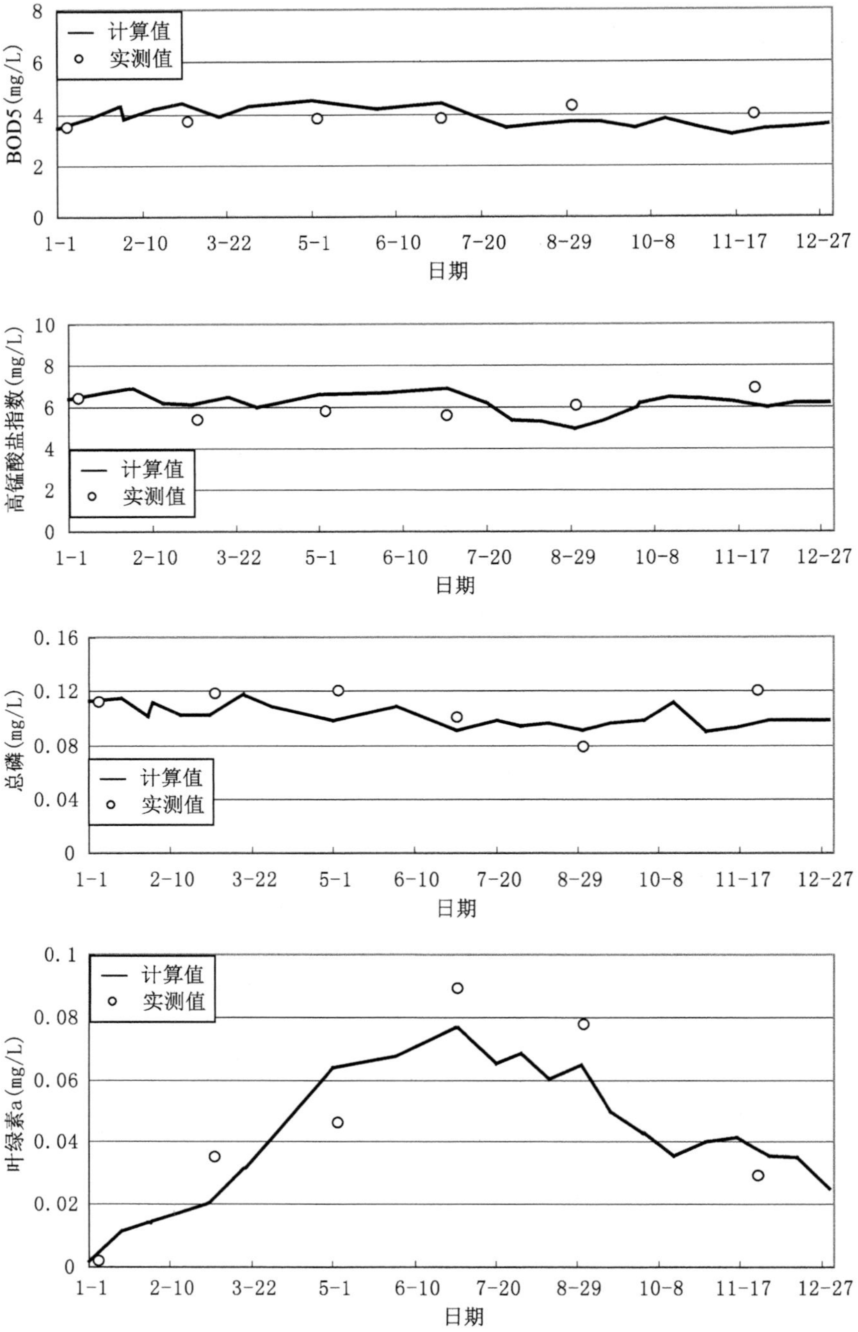

图 4.2.23　滆湖湖北区水质浓度实测值与计算值比较

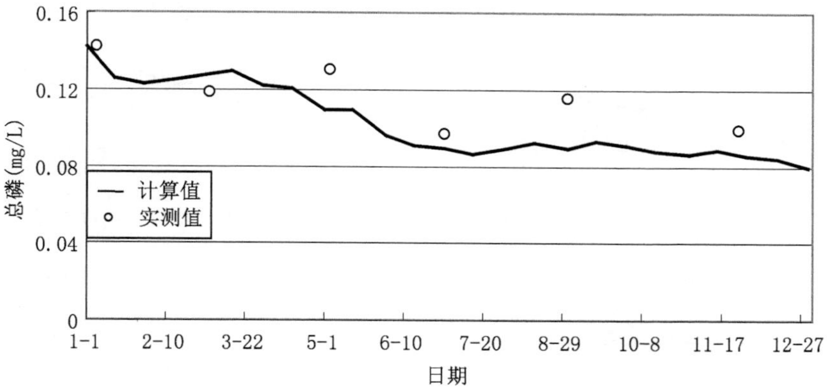
0.16
0.12
0.08
0.04
0
总磷(mg/L)
计算值
实测值
1-1
2-10
3-22
5-1
6-10
7-20
8-29
10-8
11-17
12-27
日期

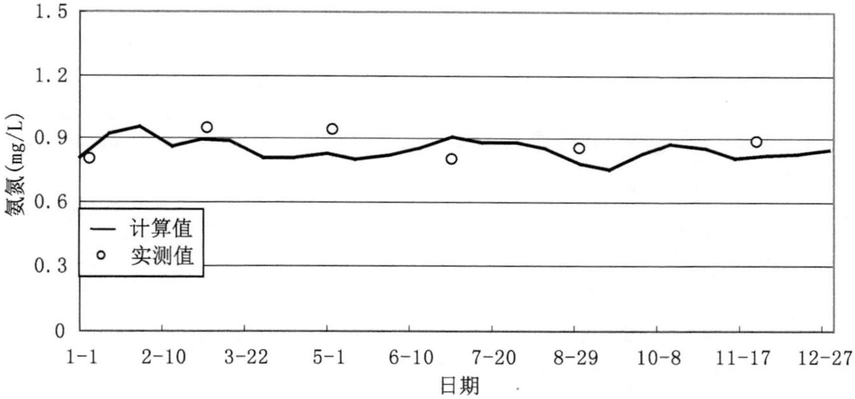
1.5
1.2
0.9
0.6
0.3
0
氨氮(mg/L)
计算值
实测值
1-1
2-10
3-22
5-1
6-10
7-20
8-29
10-8
11-17
12-27
日期

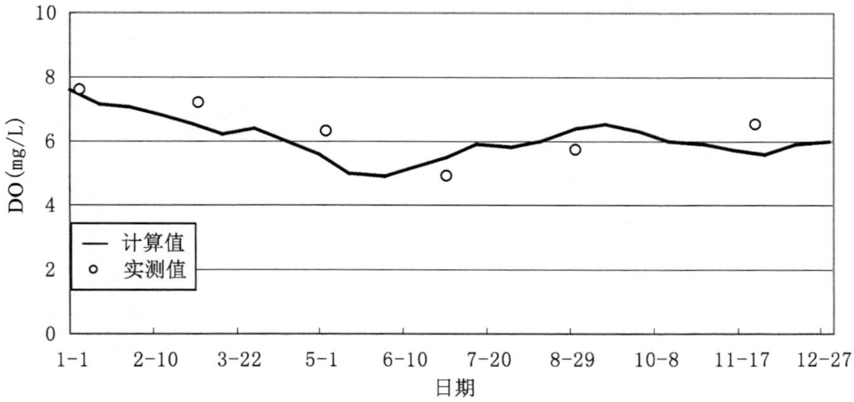
10
8
6
4
2
0
DO(mg/L)
计算值
实测值
1-1
2-10
3-22
5-1
6-10
7-20
8-29
10-8
11-17
12-27
日期

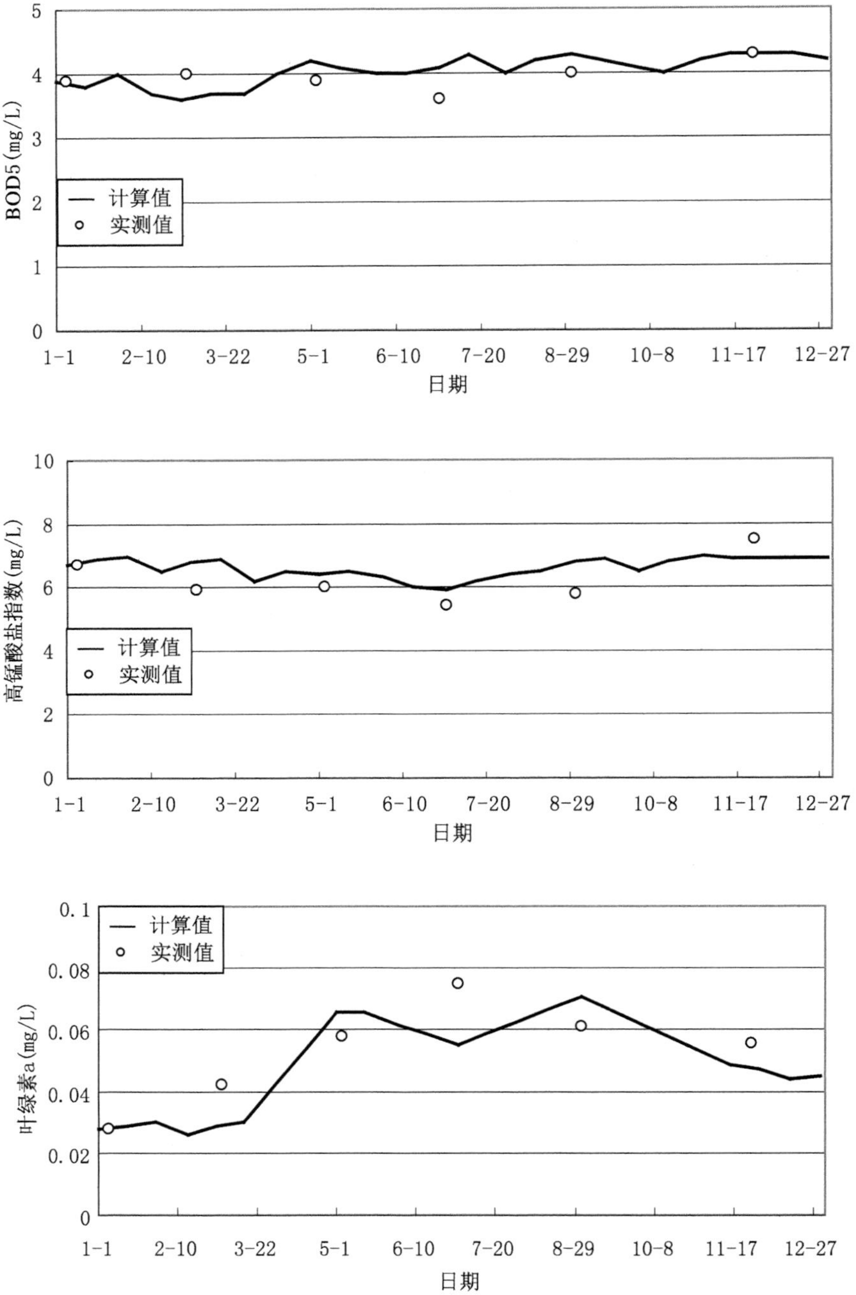

图 4.2.24　滆湖湖南区水质浓度实测值与计算值比较

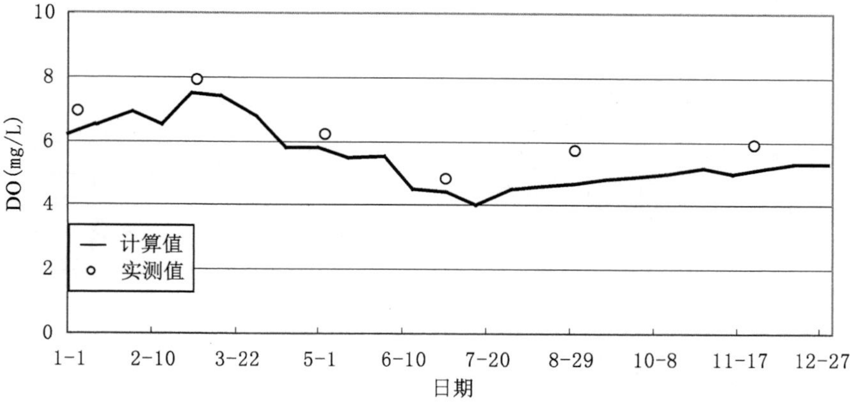
10
8
6
4
2
0
DO(mg/L)
计算值
实测值
1-1
2-10
3-22
5-1
6-10
7-20
8-29
10-8
11-17
12-27
日期

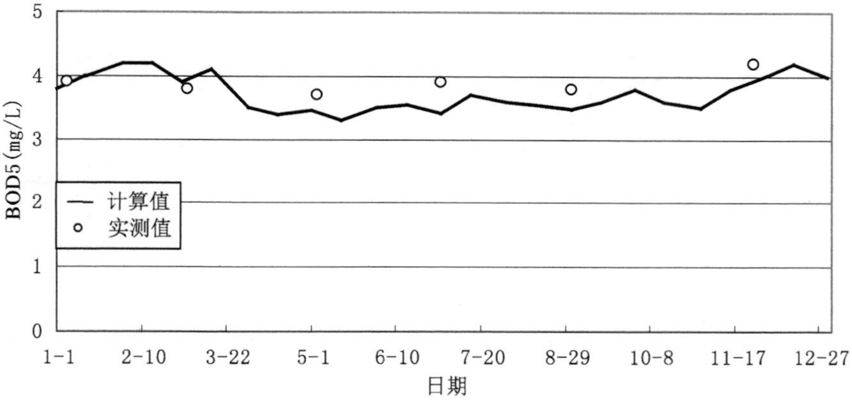
5
4
3
2
1
0
BOD5(mg/L)
计算值
实测值
1-1
2-10
3-22
5-1
6-10
7-20
8-29
10-8
11-17
12-27
日期

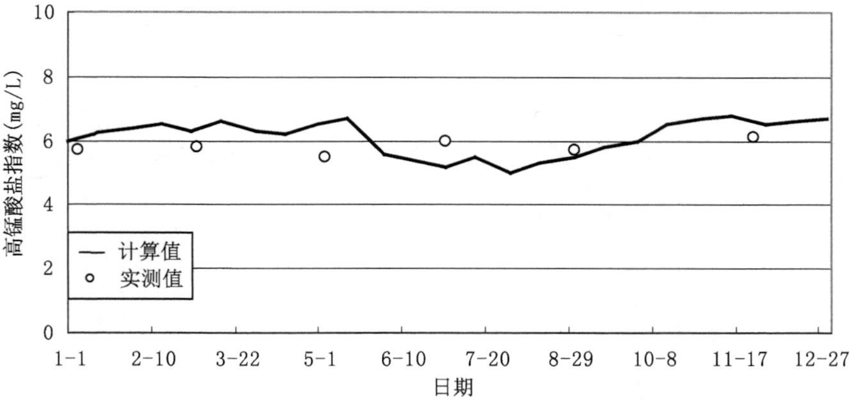
10
8
6
4
2
0
高锰酸盐指数(mg/L)
计算值
实测值
1-1
2-10
3-22
5-1
6-10
7-20
8-29
10-8
11-17
12-27
日期

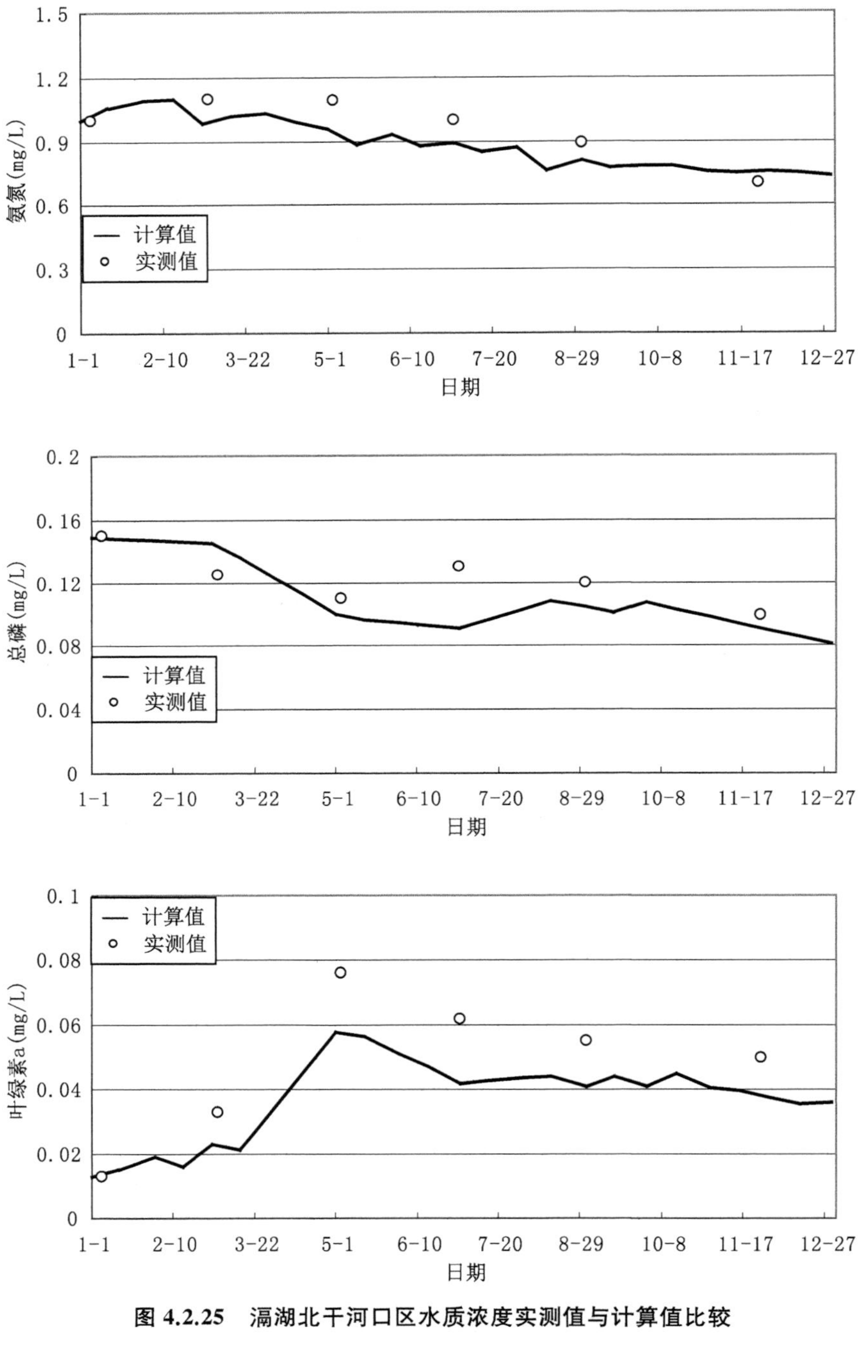

图 4.2.25　滆湖北干河口区水质浓度实测值与计算值比较

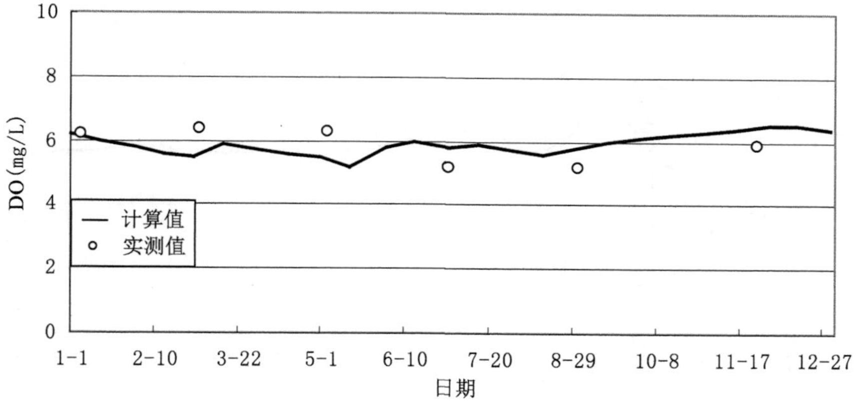
DO (mg/L)
10
8
6
4
2
0
计算值
实测值
1-1
2-10
3-22
5-1
6-10
7-20
8-29
10-8
11-17
12-27
日期

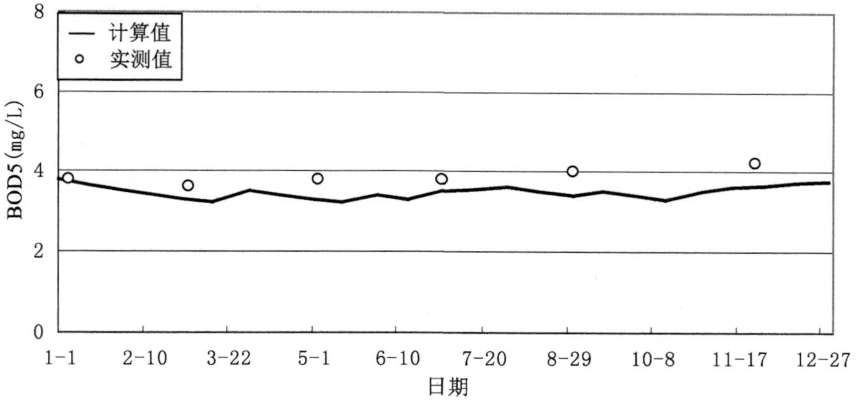
BOD5 (mg/L)
8
6
4
2
0
计算值
实测值
1-1
2-10
3-22
5-1
6-10
7-20
8-29
10-8
11-17
12-27
日期

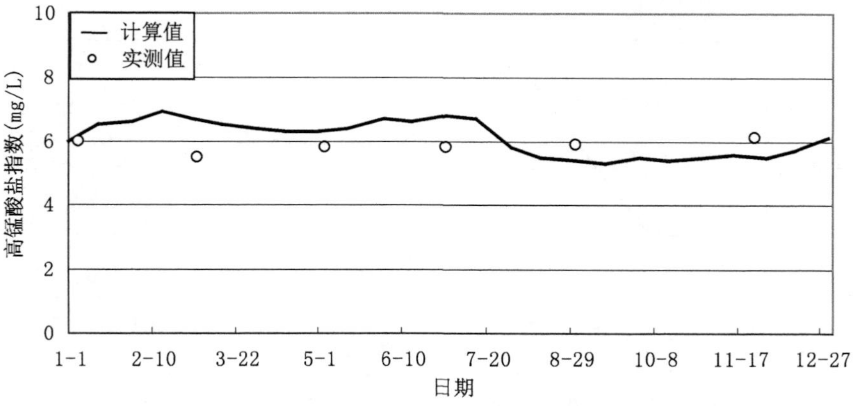
高锰酸盐指数 (mg/L)
10
8
6
4
2
0
计算值
实测值
1-1
2-10
3-22
5-1
6-10
7-20
8-29
10-8
11-17
12-27
日期

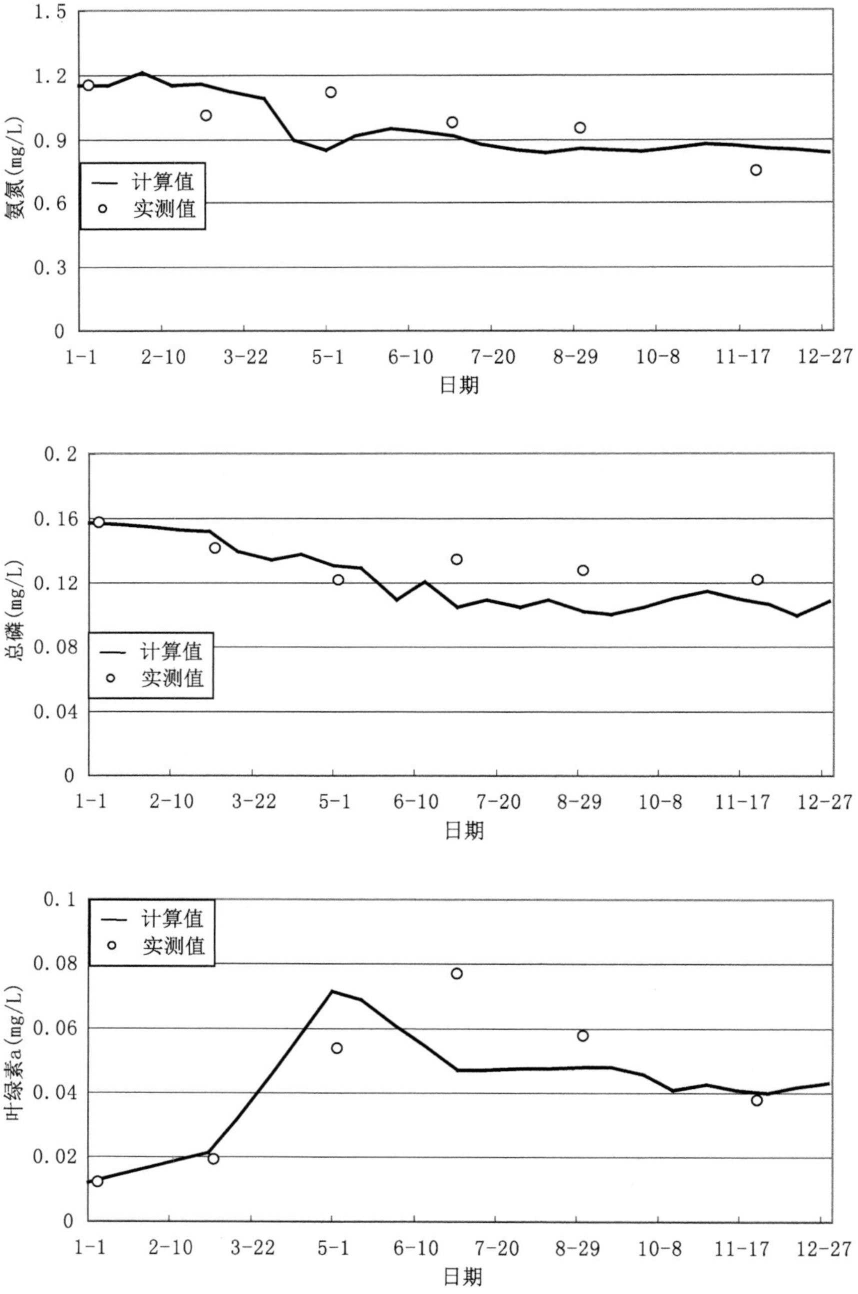

图 4.2.26 滆湖太滆河口区水质浓度实测值与计算值比较

漏湖 COD、氨氮、总磷、总氮和高锰酸盐指数等主要水质指标浓度值预测模拟分布图见图 4.2.27。

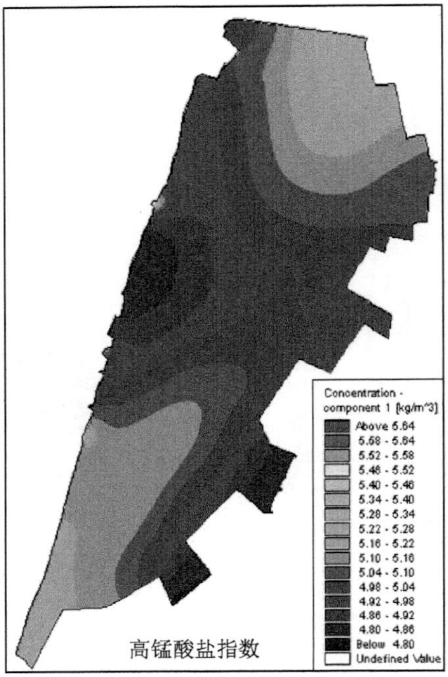

图 4.2.27　滆湖主要水质指标模拟分布图

5 水质水量联合调控方案研究

5.1 水环境容量计算方法

5.1.1 水环境容量概念

(1) 定义

水环境容量是在对流域水文特征、排污方式、污染物迁移转化规律进行充分科学研究的基础上，结合环境管理需求确定的管理控制目标。水环境容量既反映流域的自然属性(水文特性)，同时反映人类对环境的需求(水质目标)，水环境容量将随着水资源情况的不断变化和人们对环境需求的不断提高而不断发生变化。

在给定水域范围和水文条件，规定排污方式和水质目标的前提下，单位时间内该水域最大允许纳污量，称作水环境容量。水环境容量的确定是水污染物实施总量控制的依据，是水环境管理的基础。

按照污染物降解机理，水环境容量可划分为稀释容量和自净容量两部分。稀释容量是指在给定水域的来水污染物浓度低于出水水质目标时，依靠稀释作用达到水质目标所能承纳的污染物量。自净容量是指由于沉降、生化、吸附等物理、化学和生物作用，给定水域达到水质目标所能自净的污染物量。在其他条件不变的情况下，污染物排放方式的改变(如排放口位置的不同)将影响水域的环境容量，因此水环境容量往往是一组数值。实际的水环境容量确定，是在分析稀释容量与降解容量的基础上，根据排污方式的限定与环境管理的具体需求，即在不改变排污口位置和水质目标等情况下，确定水域的环境容量。

(2) 基本特征

水环境容量具有以下三个基本特征:

资源性。水环境容量是一种自然资源,其价值体现在对排入污染物的缓冲作用,即容纳一定量的污染物也能满足人类生产、生活和生态系统的需要;但水域的环境容量是有限的可再生自然资源,一旦污染负荷超过水环境容量,其恢复将十分缓慢与艰难。

区域性。由于受到各类区域的水文、地理、气象条件等因素的影响,不同水域对污染物的物理、化学和生物净化能力存在明显的差异,从而导致水环境容量具有明显的地域性特征。

系统性。河流、湖泊等水域一般处在大的流域系统中,水域与陆域、上游与下游、左岸与右岸构成不同尺度的空间生态系统,因此,在确定局部水域水环境容量时,必须从流域的角度出发,合理协调流域内各水域的水环境容量。

(3) 影响因素

影响水域水环境容量的要素很多,概括起来主要有以下四个方面:

水域特性。水域特性是确定水环境容量的基础,主要包括:几何特征(岸边形状、水底地形、水深或体积);水文特征(流量、流速、降雨、径流等);化学性质(pH、硬度等);物理自净能力(挥发、扩散、稀释、沉降、吸附);化学自净能力(氧化、水解等);生物降解(光合作用、呼吸作用)。

环境功能要求。不同的水环境功能区提出不同的水质功能要求,不同的功能区划,对水环境容量的影响很大:水质要求高的水域,水环境容量小;水质要求低的水域,水环境容量大。

污染物质。不同污染物本身具有不同的物理化学特性和生物反应规律,不同类型的污染物对水生生物和人体健康的影响程度不同,由此可见,不同的污染物具有不同的环境容量,但具有一定的关联和影响,提高某种污染物的环境容量可能会降低另一种污染物的环境容量。因此,对单因子计算出的环境容量应作一定的综合影响分析,较好的方式是联立约束条件同时求解各类需要控制的污染物质的环境容量。

排污方式。水域的环境容量与污染物的排放位置与排放方式有关。一般来说,在其他条件相同的情况下,集中排放的环境容量比分散排放小,瞬时排放比连续排放的环境容量小,岸边排放比河心排放的环境容量小。因此,限定的排污方式是确定环境容量的一个重要因素。

(4) 确定原则

水环境容量的确定，要遵循以下两条基本原则：

保持环境资源的可持续利用。要在科学论证的基础上，确定合理的环境资源利用率，在保持水体有不断的自我更新与水质修复能力的基础上，尽量利用水域环境容量，以降低污水治理成本。

维持流域各段水域环境容量的相对平衡。影响水环境容量确定的因素很多，筑坝、引水，新建排污口、取水口等都可能改变整个流域内水环境容量分布。因此，水环境容量的确定应充分考虑当地的客观条件，并分析局部水环境容量的主要影响因素，以利于从流域的角度，合理调配环境容量。

5.1.2 河流水环境容量计算方法

(1) 河道分类

根据《水域纳污能力计算规程》(GB/T 25173—2010)，采用数学模型计算河流水域环境容量，根据污染物扩散特性，结合我国河流具体情况，按计算河段的多年平均流量 Q 划分为以下三种类型：

① 大型：$Q \geqslant 150\ m^3/s$ 的河段；

② 中型：$15\ m^3/s < Q < 150\ m^3/s$ 的河段；

③ 小型：$Q \leqslant 15\ m^3/s$ 的河段。

根据下列情况对河道特征和水力条件进行简化：

① 断面宽深比不小于 20 时，简化为矩形河段；

② 河道弯曲系数不大于 1.3 时，简化为顺直河段；

③ 河道特征和水力条件有显著变化的河段，应在显著变化处分段。

(2) 设计水文条件

计算河流水域环境容量，应采用 90%保证率最枯月平均流量或近 10 年最枯月平均流量作为设计流量；季节性、冰封河流，宜选取不为零的最小月平均流量作为样本，计算设计流量；流向不定的水网地区和潮汐河段，宜采用 90%保证率流速为零时的低水位相应水量作为设计水量。有水利工程控制的河段，可采用最小下泄流量或河道内生态基流作为设计流量。

(3) 计算模型

① 河流零维模型

污染物在河段内均匀混合,可采用河流零维模型计算水域水环境容量,主要适用于水网地区的小型河段,根据入河污染物的分布情况,划分不同浓度的均匀混合段,分段计算水环境容量。

河段的污染物浓度及相应的计算公式如下:

$$C=\frac{C_P Q_P+C_0 Q}{Q_P+Q} \tag{5.1.1}$$

$$W=(C_S-C_0)(Q_P+Q) \tag{5.1.2}$$

式中:C ——污染物浓度,mg/L;

C_P ——排放的废污水污染物浓度,mg/L;

C_0——初始断面的污染物浓度,mg/L;

C_S ——水质目标浓度值,mg/L;

Q_P ——废污水排放流量,m^3/s;

Q ——初始断面的入流流量,m^3/s;

W ——水环境容量,g/s。

② 河流一维模型

污染物在河段横断面上均匀混合,可以采用一维模型计算水域环境容量,主要适用于$Q<150\ m^3/s$的中小型河段,河段中污染物浓度和水环境容量计算公式如下:

$$C_X=C_0\exp\left(-K\frac{x}{u}\right) \tag{5.1.3}$$

$$W=(C_S-C_X)(Q_P+Q) \tag{5.1.4}$$

式中:C_X ——流经 x 距离后的污染物浓度,mg/L;

x ——沿河段的纵向距离,m;

u ——设计流量下河道断面的平均流速,m/s;

K ——污染物综合衰减系数,1/s;

其余符合意义同前。

③ 二维模型

污染物在河段横断面上非均匀混合，可以采用二维模型计算水域环境容量，主要适用于 $Q \geqslant 150\ m^3/s$ 的大型河段。污染物连续恒定排放，横断面为矩形的河段，可采用模型的解析解计算环境容量。

对于顺直河段，忽略横向流速及纵向离散作用，且污染物排放不随时间变化时，二维对流扩散方程如下：

$$u \frac{\partial C}{\partial x} = \frac{\partial}{\partial y}\left(E_y \frac{\partial C}{\partial y}\right) - KC \tag{5.1.5}$$

式中：E_y ——污染物的横向扩散系数，m^2/s；

y ——计算点到岸边的横向距离，m；

其余符合意义同前。

二维对流扩散方程公式(5.1.5)可以采用解析法或者数值法求解，求得计算水域代表点的污染物平均浓度 $C(x, y)$，再按下式计算水环境容量：

$$W = [C_S - C(x, y)]Q \tag{5.1.6}$$

5.1.3 湖(库)水环境容量计算方法

(1) 湖(库)分类

不同类型的湖(库)应采用不同的数学模型计算水环境容量。根据湖(库)枯水期的平均水深和水面面积将湖(库)划分为大型、中型和小型，具体如下：

① 平均水深不小于 10 m：

水面面积大于 25 km^2 的为大型湖(库)；

水面面积在 2.5～25 km^2 的为中型湖(库)；

水面面积小于 2.5 km^2 的为小型湖(库)。

② 平均水深小于 10 m：

水面面积大于 50 km^2 的为大型湖(库)；

水面面积在 5～50 km^2 的为中型湖(库)；

水面面积小于 5 km^2 的为小型湖(库)。

(2) 计算模型

① 湖(库)均匀混合模型

污染物均匀混合的湖(库)可以采用均匀混合模型计算水环境容量,主要适用于中小型湖(库)。

② 湖(库)非均匀混合模型

主要适用于污染物非均匀混合的大中型湖(库),根据入湖(库)排污口分布和污染物扩散特征,划分不同的计算水域,分区计算水域水环境容量。

③ 湖(库)富营养化模型

富营养化湖(库)可采用狄龙模型计算氮、磷的水环境容量,其中水流交换能力较弱的湖(库)湾水域,可采用合田健模型计算氮、磷的水环境容量。

④ 湖(库)分层模型

主要适用于具有水温分层湖(库),按照分层期和非分层期分别计算水域水环境容量,分层期按照湖(库)分层模型计算水环境容量,非分层期可按相应的湖(库)模型计算水环境容量。

5.1.4 水环境容量计算步骤

通常情况下,水域的环境容量计算可以按照以下步骤进行:

① 水域概化。将天然水域(河流、湖泊水库)概化成计算水域,例如天然河道可概化成顺直河道,复杂的河道地形可进行简化处理,非稳态水流可简化为稳态水流等。同时,支流、排污口、取水口等影响水环境的因素也要进行相应概化。若排污口距离较近,可把多个排污口简化成集中的排污口。

② 基础资料调查与评价。包括调查与评价水域水文资料(流速、流量、水位、体积等)和水域水质资料(多项污染因子的浓度值),同时收集水域内的排污口资料(废水排放量与污染物浓度)、支流资料(支流水量与污染物浓度)、取水口资料(取水量、取水方式)、污染源资料(排污量、排污去向与排放方式)等,并进行数据一致性分析,形成数据库。

③ 选择控制点(或边界)。根据水环境功能区划和水域内的水质敏感点位置分析,确定水质控制断面的位置和浓度控制标准。对于包含污染混合区的环境问题,则需根据环境管理的要求确定污染混合区的控制边界。

④ 建立水质模型。根据实际情况选择建立零维、一维或二维水质模型,在进

行各类数据资料的一致性分析的基础上，确定模型所需的各项参数。

⑤ 环境容量计算分析。应用设计水文条件和上下游水质限制条件进行水质模型计算，利用试算法（根据经验调整污染负荷分布反复试算，直到水域环境功能区达标为止）或建立线性规划模型（建立优化的约束条件方程）等方法确定水域的水环境容量。

⑥ 环境容量确定。在上述容量计算分析的基础上，扣除非点源污染影响部分，得出实际环境管理可利用的水环境容量。

5.2 滆湖水环境容量计算

5.2.1 水文设计条件的确定

（1）设计水文条件选取思路

湖（库）水文设计条件指湖（库）的设计水位或水深（m）、设计库容（m^3）和设计入流量（m^3/s）的值。

对湖泊而言，湖流的成因类型主要是风生流。风生流是在风对湖面的摩擦剪应力和风对波浪背面的压力作用下引起的，在黏滞力作用下使表层湖水带动下层湖水向前运动。不同的风场将形成不同的湖流，从而导致污染带浓度产生差异，最终水环境容量的计算结果也必然不同。由于风向、风速具有较大的时空变化性，故取任一固定风向来进行计算显然不合理，反映风向、风速时空变化性的重要参数是风向、风速联合频率。风场对湖流的形成及流态起着重大作用，故在污染带计算中考虑到风场对湖流的形成及对流态的作用，设计水文条件还要考虑风向、风速联合频率订正。

（2）设计水文条件选取

采用4.2节所建立的浅水湖泊水环境数学模型，通过控制单个污染带面积与污染带长度占岸线长度比例来进行水环境容量计算，污染带与风向、风速关系密切，不同风向、风速会形成不同污染带，取不同风向、风速下计算得到的污染带值推算水环境容量，根据风向、风速频率权重得到总的水环境容量。不同风向、风速下的湖流及其风向、风速频率权重即为设计水文条件。

滆湖所在地全年风向分布频率见表5.2.1。

表 5.2.1　各风向频率、风速资料统计表

风向＼风要素	全年			夏季		冬季	
	风频率（%）	平均风速（m/s）	最大风速（m/s）	风频率（%）	平均风速（m/s）	风频率（%）	平均风速（m/s）
N	5	3.1	15.0	2	2.8	6	3.1
NNE	6	3.4	15.8	4	3.1	9	3.4
NE	7	3.2	12.7	4	3.0	8	3.2
ENE	8	3.1	17.0	6	2.9	7	3.1
E	11	3.1	17.2	11	3.1	8	2.9
ESE	14	3.3	17.2	19	3.3	8	3.0
SE	9	3.2	18.8	12	3.2	5	3.0
SSE	5	3.2	13.0	9	3.2	3	2.9
S	3	2.3	11.7	4	2.5	2	2.1
SSW	2	2.3	10.3	3	2.5	2	1.9
SW	3	2.6	10.0	4	2.9	2	2.0
WSW	4	3.3	14.0	5	3.6	4	3.0
W	4	3.3	16.7	3	3.2	5	3.4
WNW	5	3.5	15.0	3	3.3	7	3.6
NW	4	3.1	12.5	2	2.8	7	3.2
NNW	4	3.2	14.0	2	2.9	7	3.3

设计水流条件取不同风向下的湖流场的计算结果，不同风向下漏湖的湖流场的计算结果见图 5.2.1—图 5.2.9。

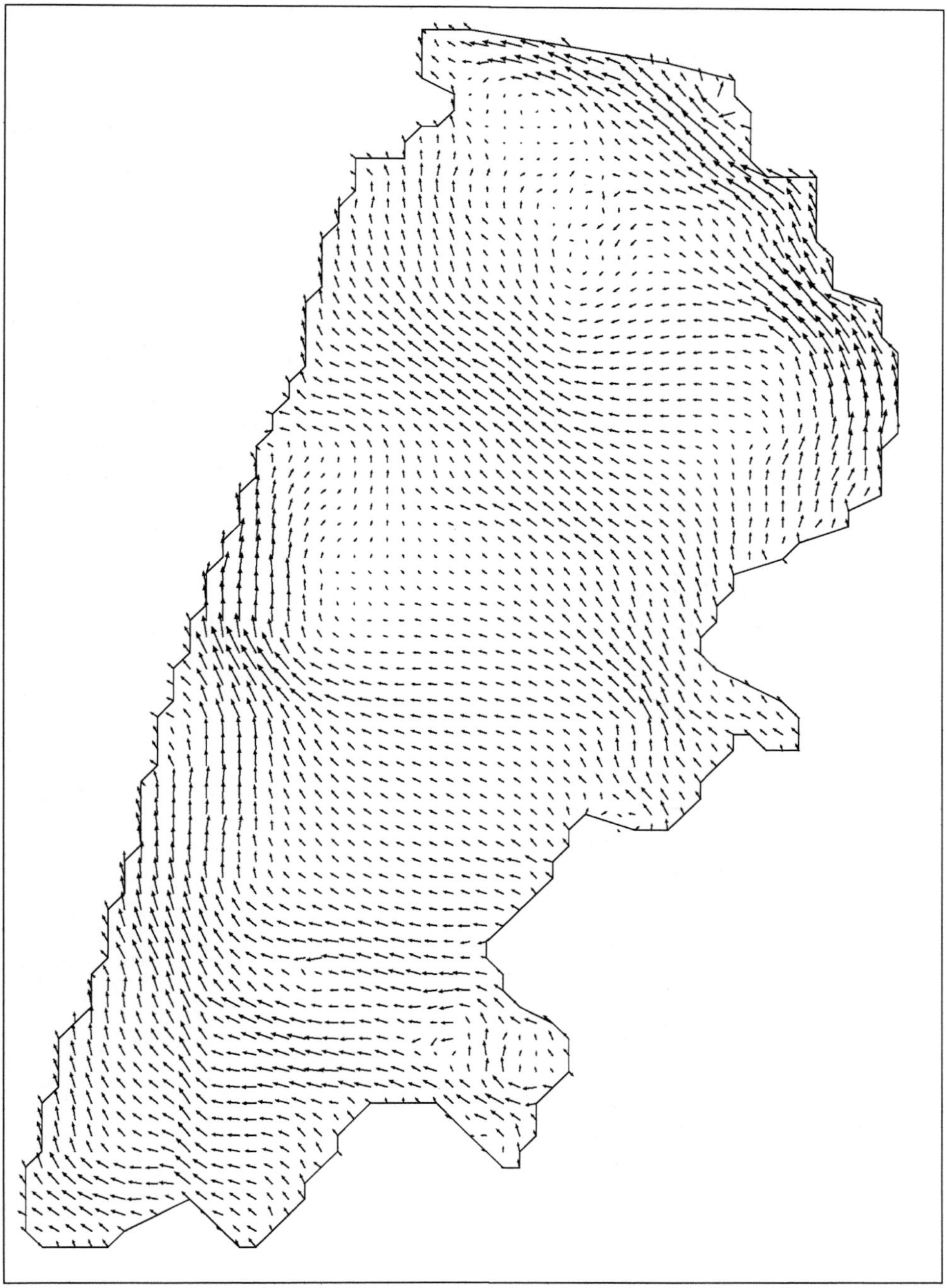

图 5.2.1 滆湖表层模拟流场图(东南风 3.0 m/s)

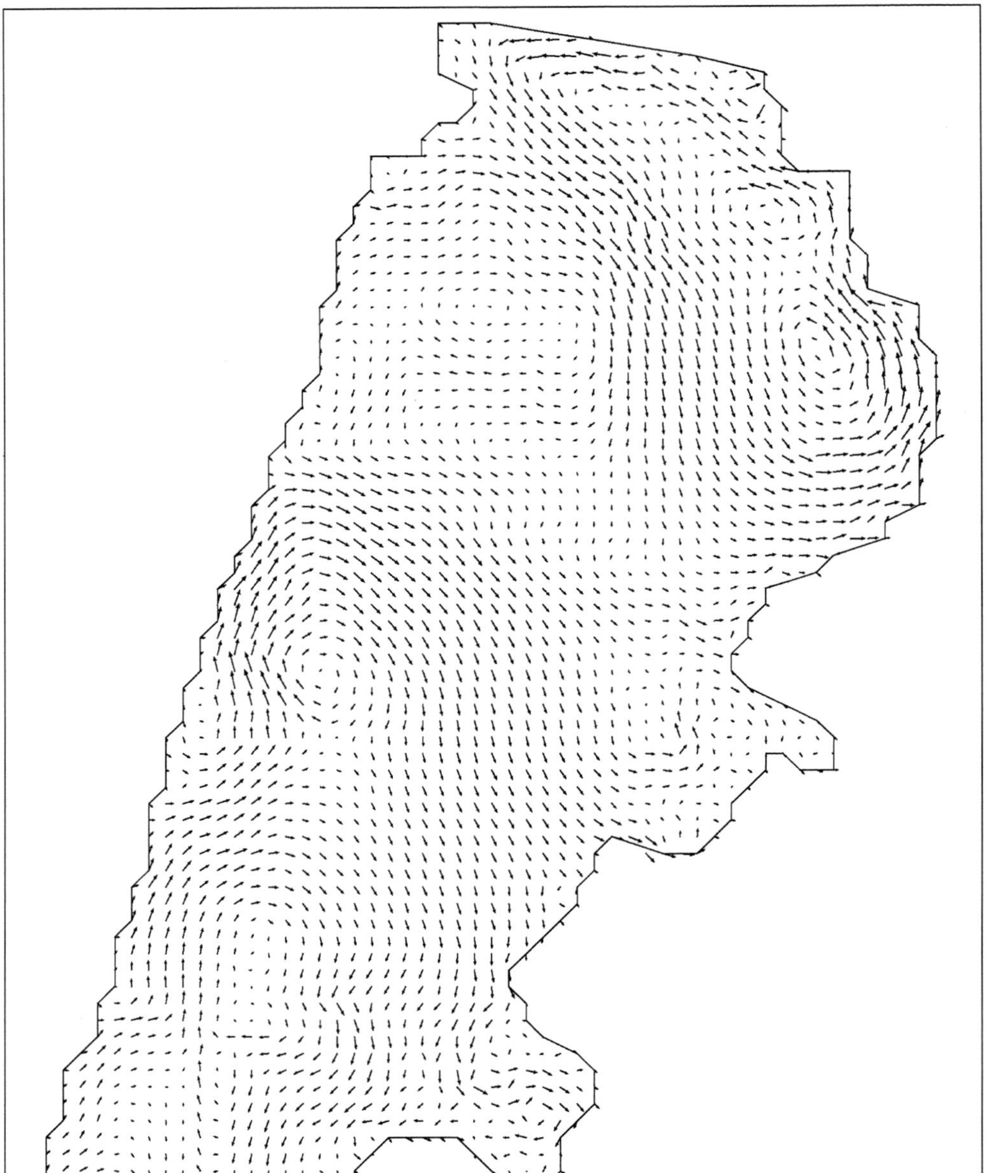

图 5.2.2 滆湖中层模拟流场图(东南风 3.0 m/s)

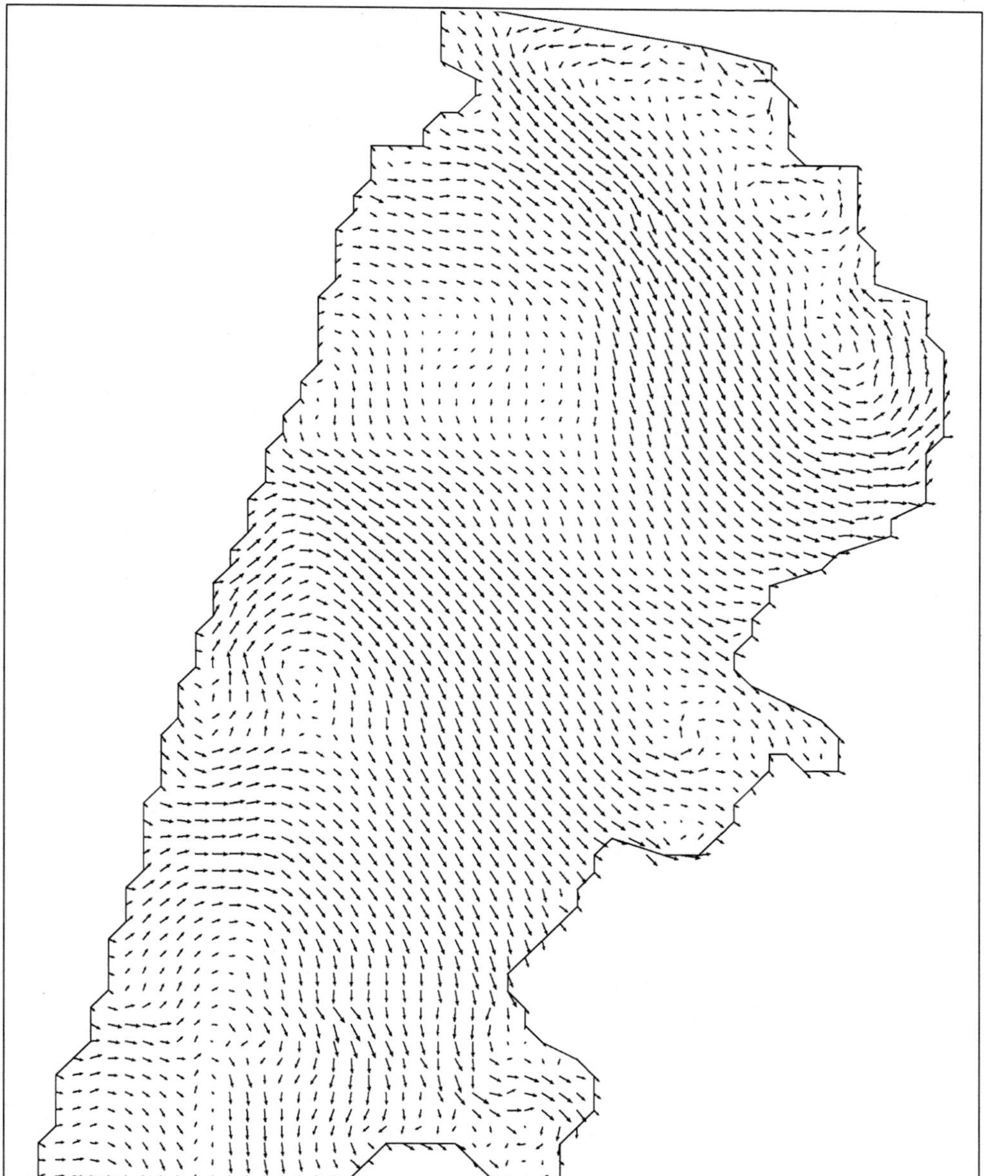

图 5.2.3　滆湖底层模拟流场图(东南风 3.0 m/s)

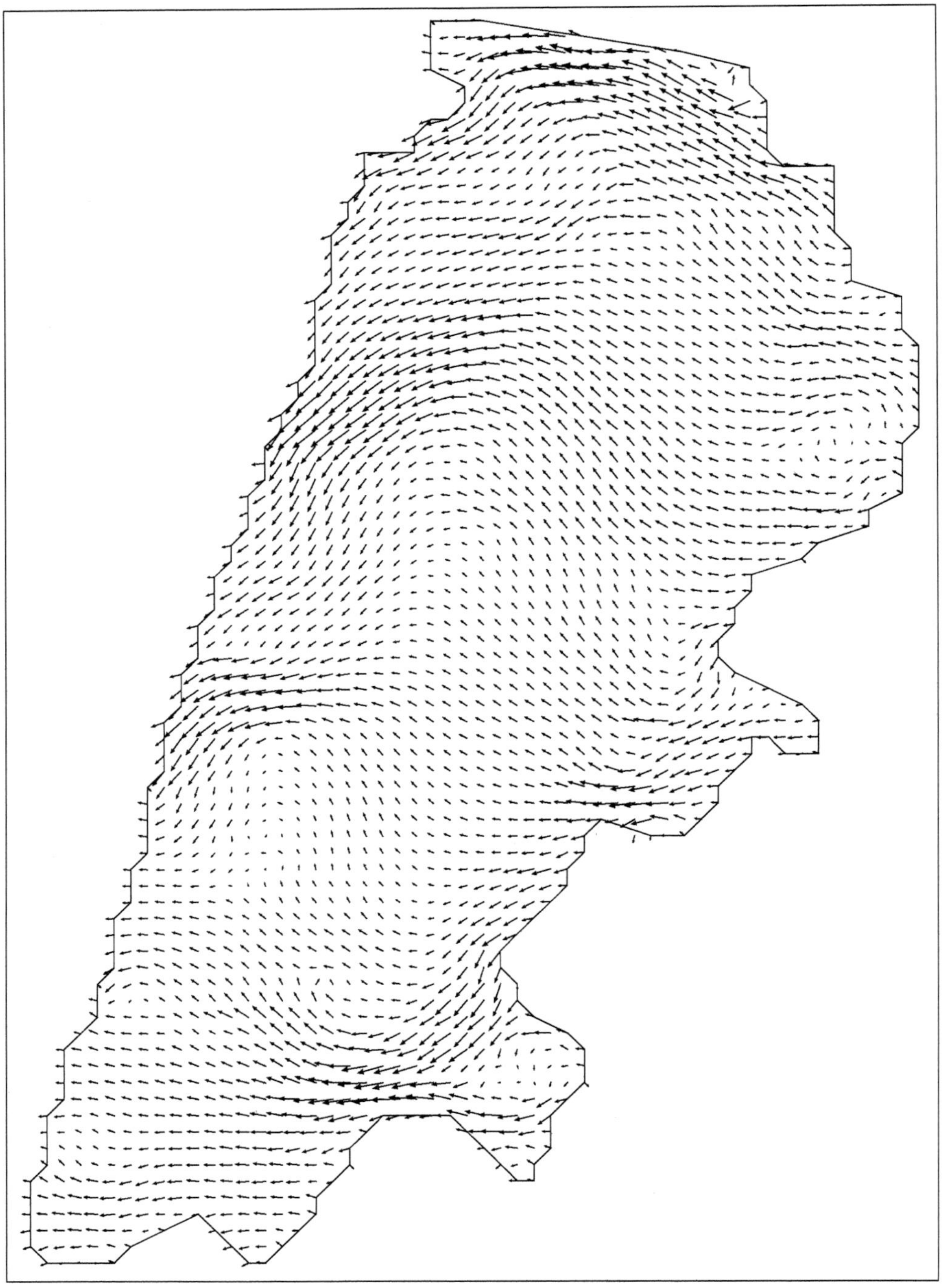

图 5.2.4　滆湖表层模拟流场图(东风 3.0 m/s)

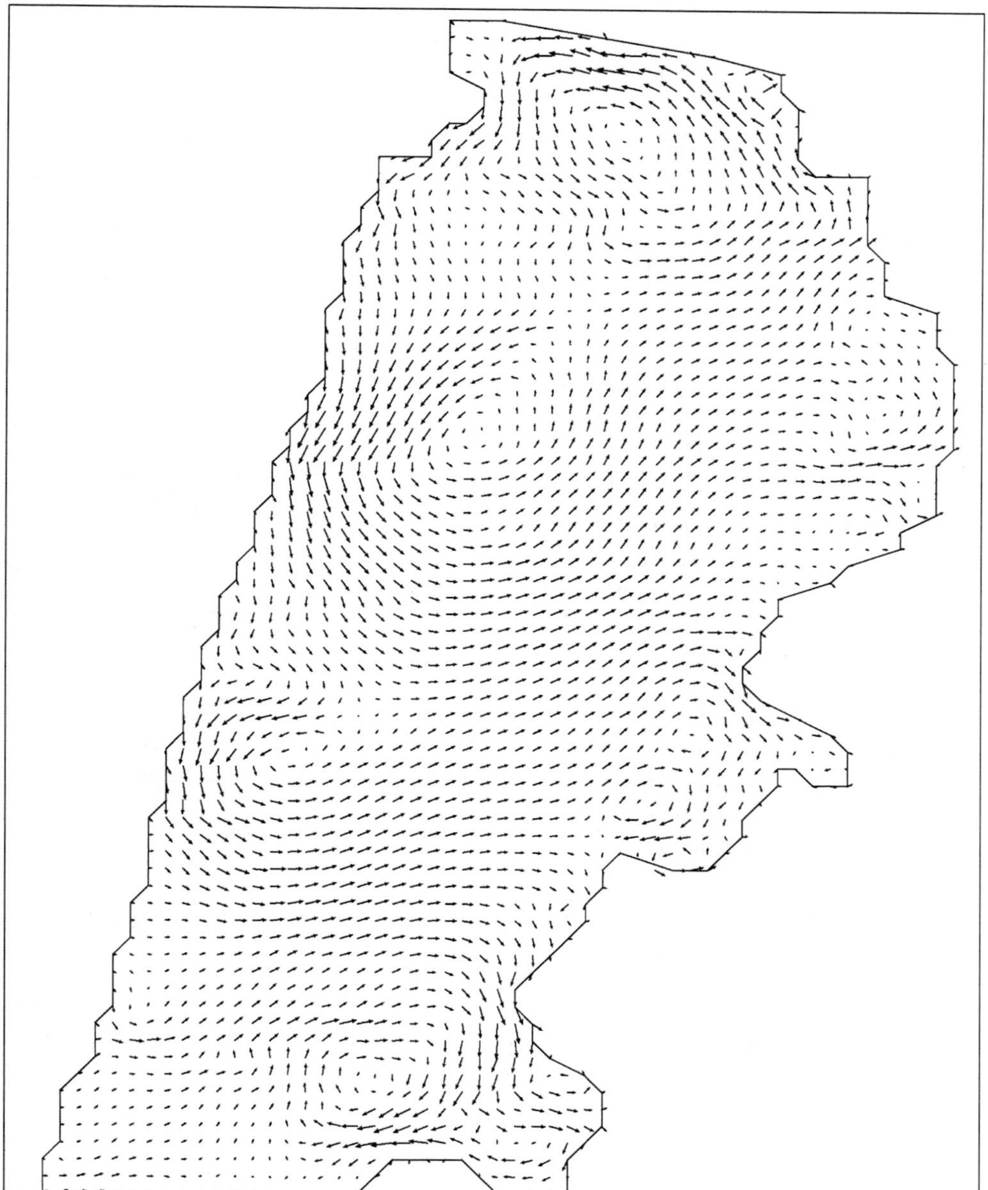

图 5.2.5 滆湖中层模拟流场图(东风 3.0 m/s)

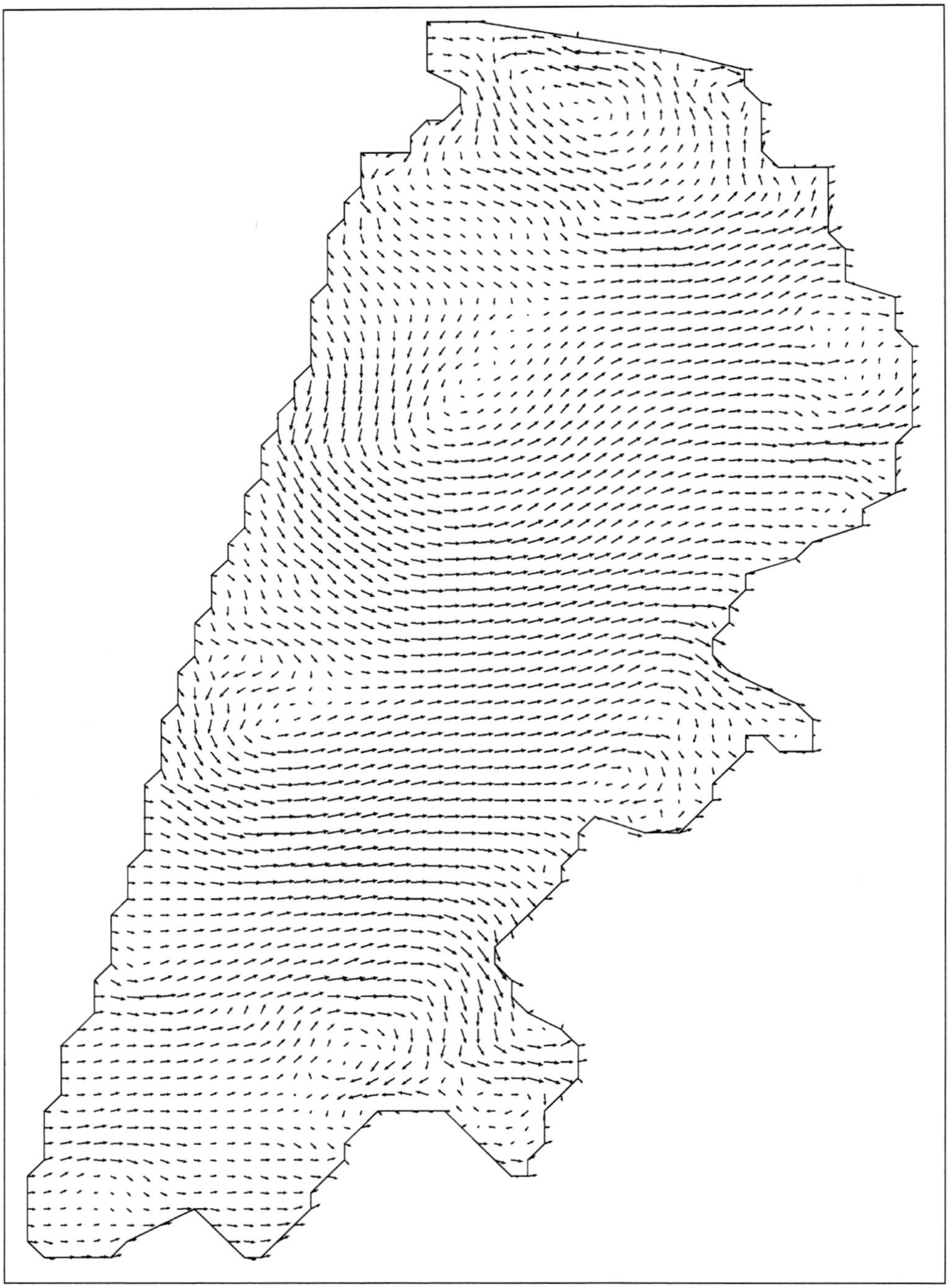

图 5.2.6　滆湖底层模拟流场图(东风 3.0 m/s)

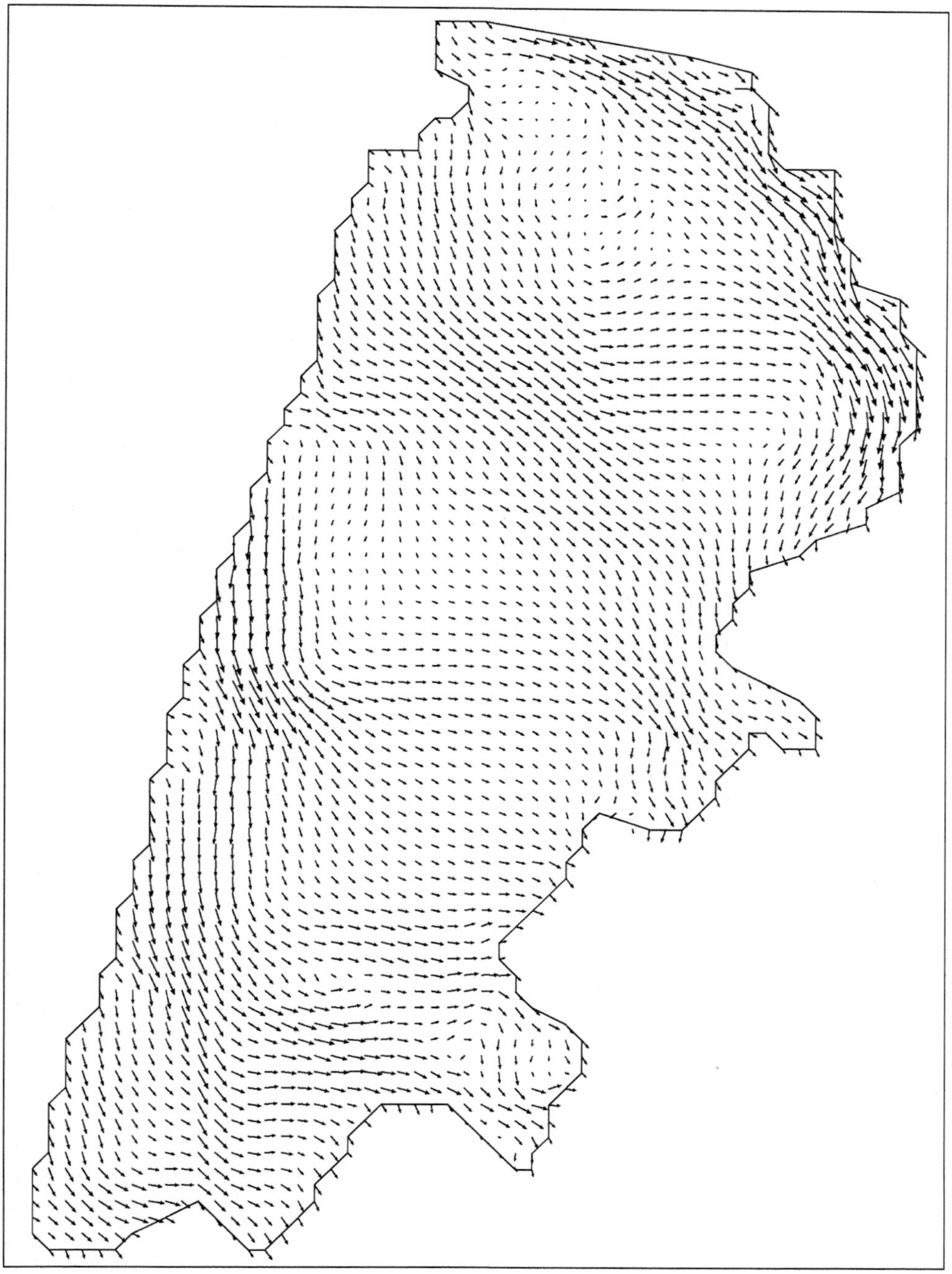

图 5.2.7 滆湖表层模拟流场图(西北风 3.0 m/s)

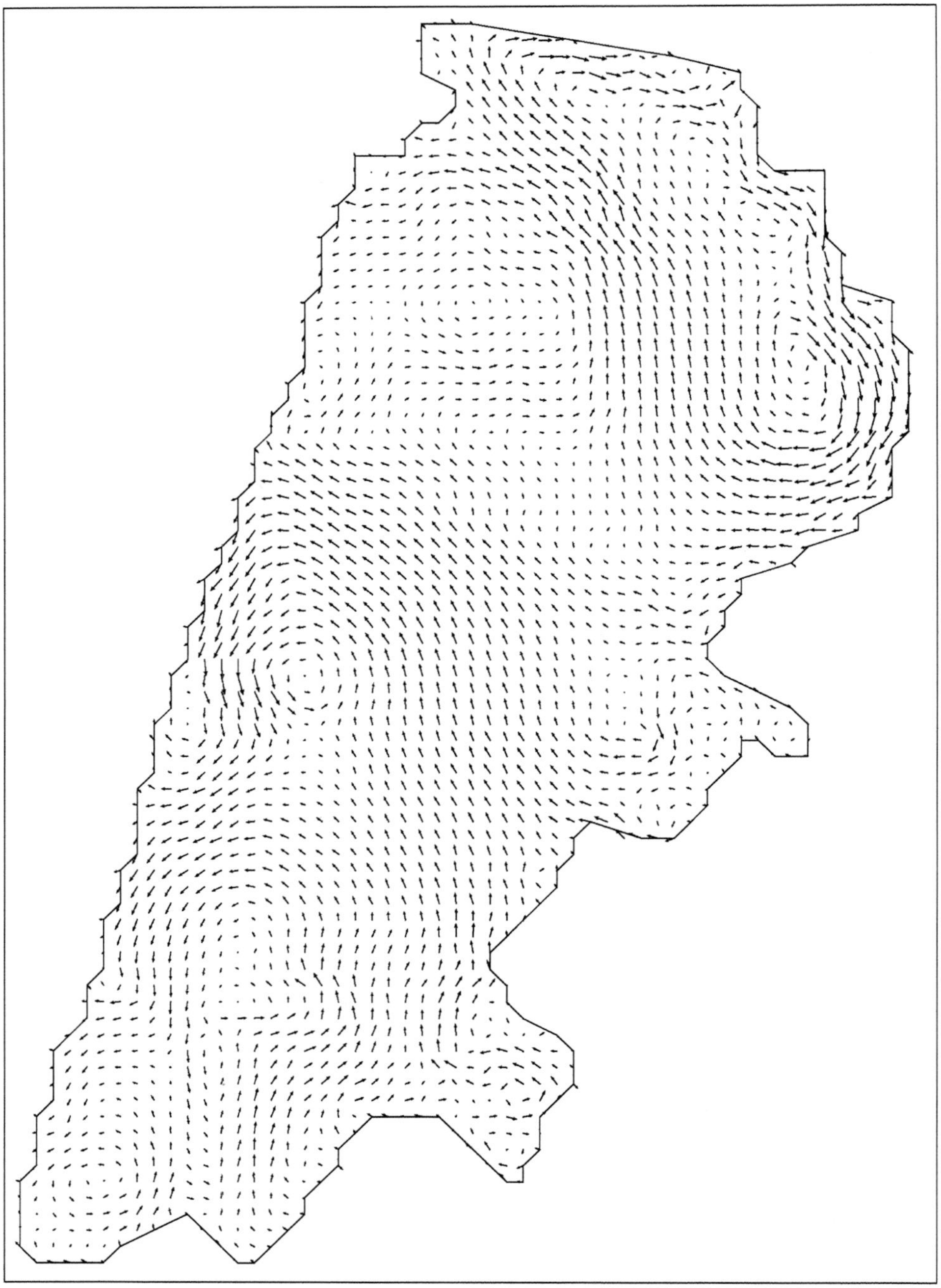

图 5.2.8　滆湖中层模拟流场图(西北风 3.0 m/s)

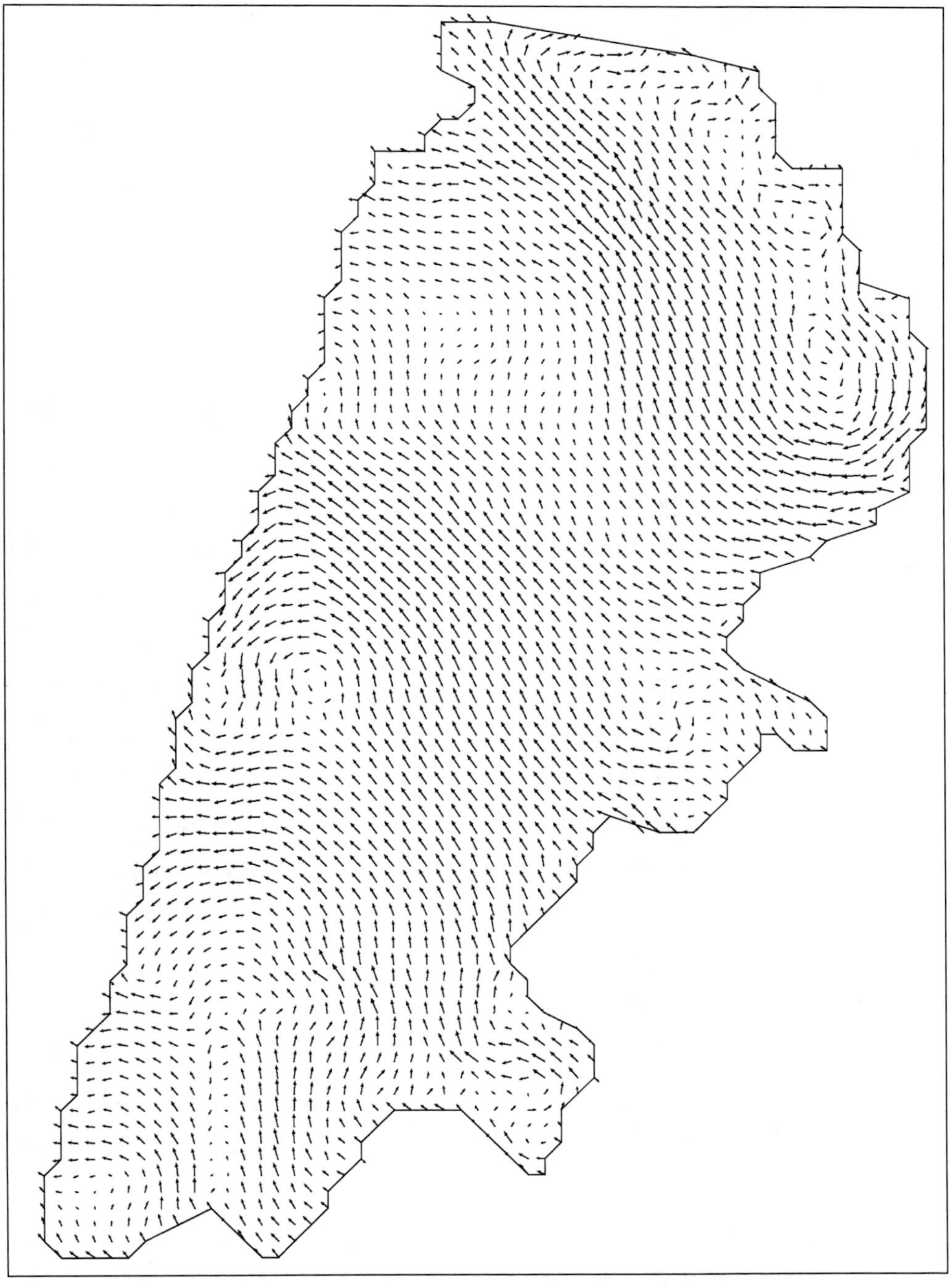

图 5.2.9 滆湖底层模拟流场图(西北风 3.0 m/s)

5.2.2 计算方法

(1) 计算方法

采用二维浅水湖泊水量水质数学模型进行污染带计算求取湖泊的环境容量，计算时考虑风向频率订正。

计算公式如下：

$$W = \sum_{j=1}^{b} (\alpha_j \sum_{i=1}^{a} W_{ij}) \tag{5.2.1}$$

式中：W ——总水域环境容量，t/a；

W_{ij} ——单个排污口在某一风向下的允许纳污量，以污染带面积大小为控制指标；

α_j ——各个风向频率；

a ——排污口个数，以湖泊岸线总长及单个排污口污染带长度大小为控制指标；

b ——不同风向个数。

参考中国环境规划院编制的《全国地表水环境容量核定有关技术问题的说明》："严禁对湖（库）进行整体（湖体）水环境容量计算，湖（库）水环境容量按照入湖支流环境功能达标或者现状重点排污口混合区控制等方法进行计算"。滆湖水域总面积164 km^2，南北长 25 km，东西平均宽 6.6 km，平均水深 1.47 m，库容 2.1 亿 m^3，综合考虑湖泊面积及库容等因素将污染带范围控制为 1～2 km^2；所有混合区长度总和应小于对应的湖岸线长度总长的 10%，超过的要按照单位混合区长度的平均分担容量进行削减。

(2) 水质目标值的确定

水环境容量计算选择高锰酸盐指数、氨氮、总氮和总磷作为水质指标，根据《江苏省地表水（环境）功能区划》，滆湖水功能区划为"渔业用水、工业用水、农业用水"，滆湖水质执行《地表水环境质量标准》(GB 3838—2002) Ⅲ类水质标准。

在滆湖的水环境容量计算中，将污染带定义为排污口附近水域高锰酸盐指数、氨氮、总氮和总磷等水质指标超过《地表水环境质量标准》(GB 3838—2002) Ⅲ类水质标准的区域。

(3) 计算方案

运用已建立的二维浅水湖泊水量水质模型进行计算。计算不同风向、风速下主要入湖河流在不同排污量下的浓度场分布，在此基础上，给出排污量与污染带面积以及污染带长度的响应关系曲线，由关系曲线得到滆湖的水环境容量。

(4) 水质模型参数的确定

① 纵向扩散系数 E_x、横向扩散系数 E_y

纵向扩散系数和横向扩散系数的选取如下：

$$\begin{aligned} E_x &= 30HU + 10(\mathrm{m^2/s}) \\ E_y &= 30HV + 10(\mathrm{m^2/s}) \end{aligned} \tag{5.2.2}$$

式中：H 为湖水深度(m)；U、V 为湖体 x 向及 y 向的流速(m/s)。

② 降解系数

根据湖体各断面的实测水质浓度值，进行数值模拟，试算并调整降解系数达到总体最优时，即为所求的参数。高锰酸盐指数降解系数约为 0.10～0.14/d、氨氮降解系数为 0.09～0.12/d、总磷降解系数为 0.05～0.10/d。

③ 底泥释放系数

高锰酸盐指数的底泥释放系数约取为 3.89 mg/(m^2 · d)；氨氮的底泥释放系数约取为 0.13 mg/(m^2 · d)；总磷的底泥释放系数约取为 0.18 mg/(m^2 · d)。

5.2.3 计算结果分析

实际计算时应考虑不同风向、风速的组合方案，这里仅描述入湖河流现状，3.0 m/s 平均风速(可以代表大多数)时入湖口附近高锰酸盐指数、氨氮、总磷和总氮的污染带见图 5.2.10—图 5.2.13，从图上可以看出，在不同的风向下，各种污染物的污染带主要受入湖口周边流场的影响而呈现不同形状，且不同入湖口形成的污染带大小均不同，污染带的面积及长度随排污量的增大而增大。

在排污量大小相同的条件下，污染带的面积随着风速的增大而减小，这是因为风速的增大带动湖流速度的增大，污染物扩散、输移的速度加快，因此污染带的面积会减小，进一步得出不同风速、风向下排污量与污染带面积以及污染带长度的关系曲线。

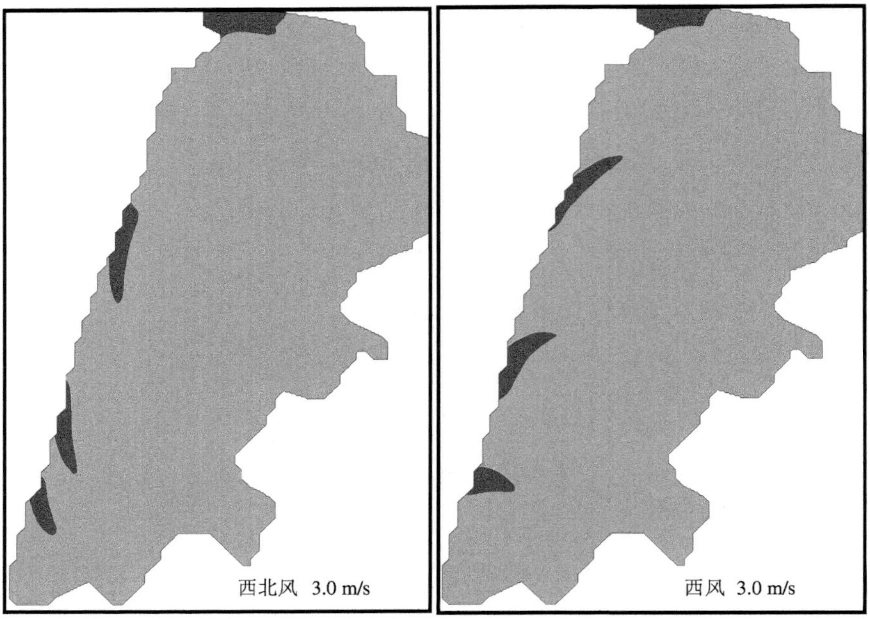

图 5.2.10 滆湖高锰酸盐指数的污染带分布图

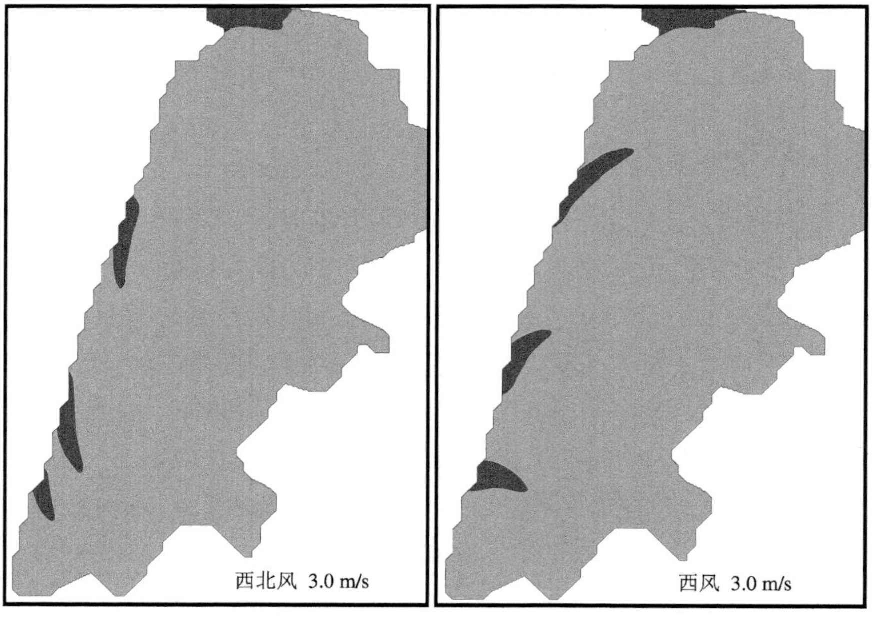

图 5.2.11 滆湖氨氮的污染带分布图

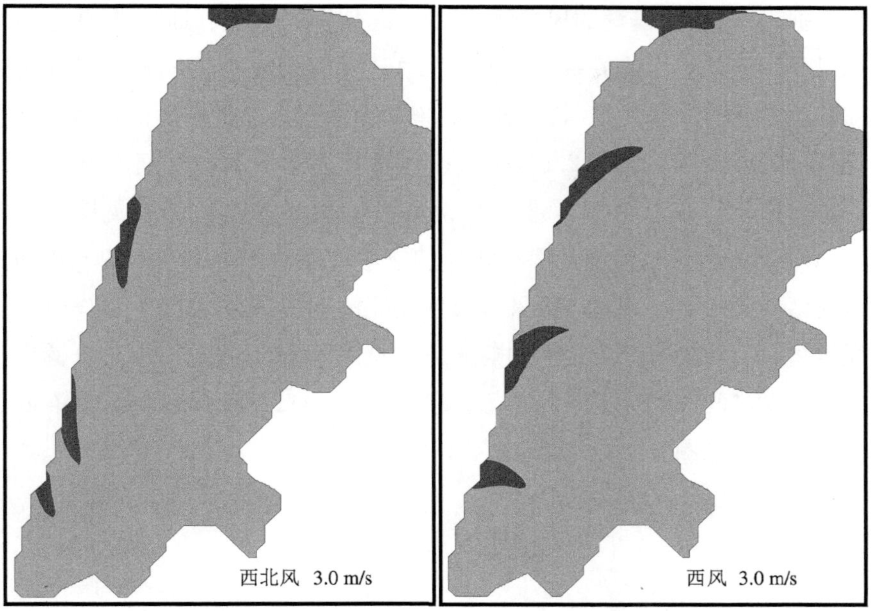

图 5.2.12 滆湖总磷的污染带分布图

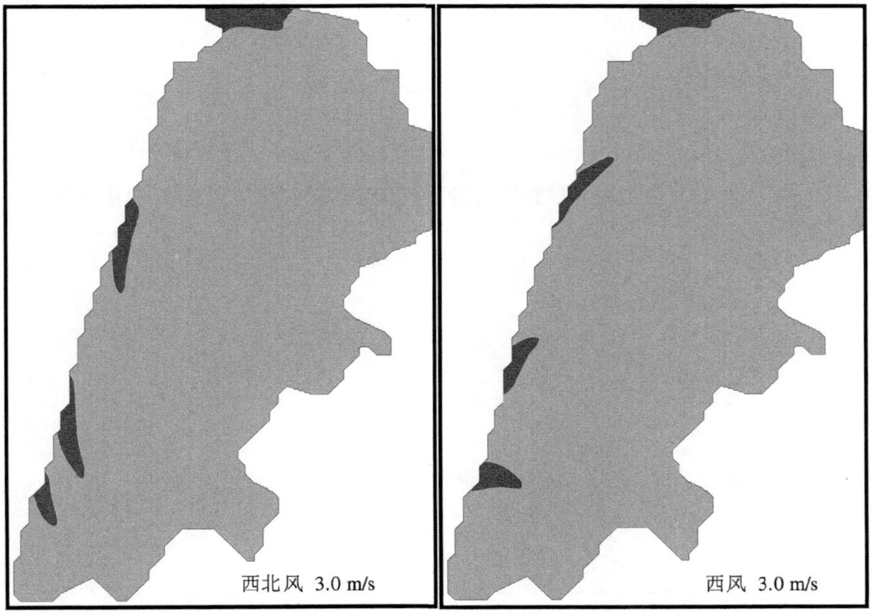

图 5.2.13 滆湖总氮的污染带分布图

根据表 5.2.1 中滆湖的风向频率取权重，对不同风速、风向下排污量与污染带面积以及污染带长度的关系曲线进行汇总计算，得出各排污口排污量与污染带面积和长度之间的响应关系，其中各入湖口的高锰酸盐指数排污量与污染带面积响应关系见图 5.2.14—图 5.2.17，氨氮排污量与污染带面积之间的响应关系见图 5.2.18—图 5.2.21，总磷排污量与污染带面积之间的响应关系见图 5.2.22—图 5.2.25，总氮排污量与污染带面积之间的响应关系见图 5.2.26—图 5.2.29。各入湖口高锰酸盐指数排污量与污染带长度之间的响应关系见图 5.2.30—图 5.2.33，氨氮排污量与污染带长度之间的响应关系见图 5.2.34—图 5.2.37，总磷排污量与污染带长度之间的响应关系见图 5.2.38—图 5.2.41，总氮排污量与污染带长度之间的响应关系见图 5.2.42—图 5.2.45。

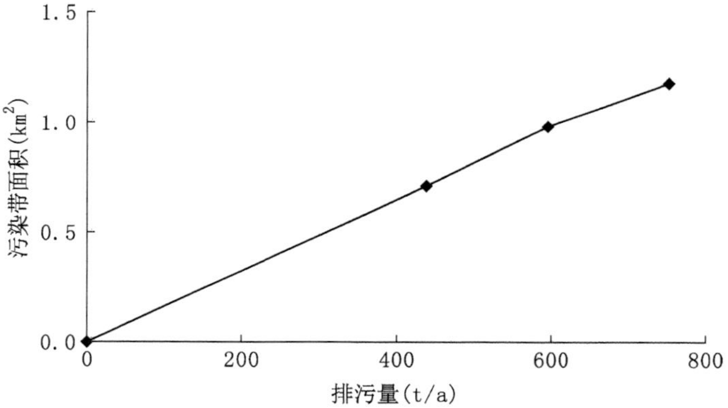

图 5.2.14　高锰酸盐指数污染带面积随排污量变化关系曲线图(中干河)

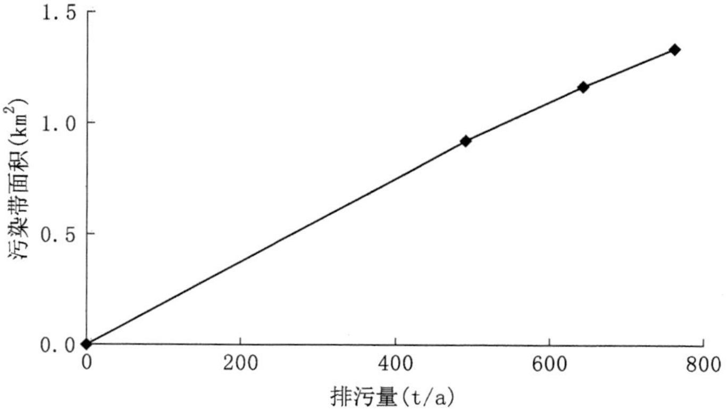

图 5.2.15　高锰酸盐指数污染带面积随排污量变化关系曲线图(北干河)

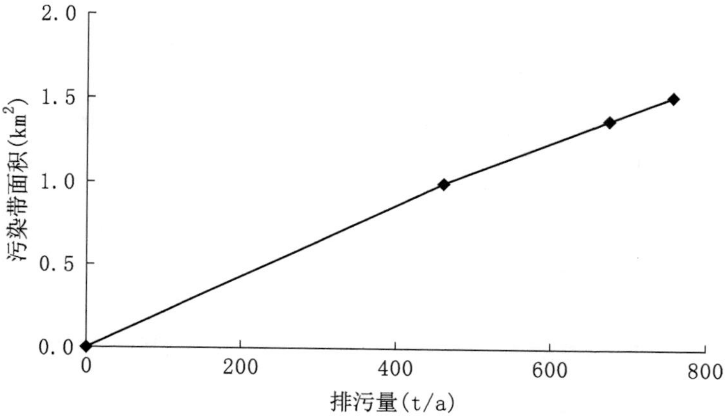

图 5.2.16 高锰酸盐指数污染带面积随排污量变化关系曲线图(湟里河)

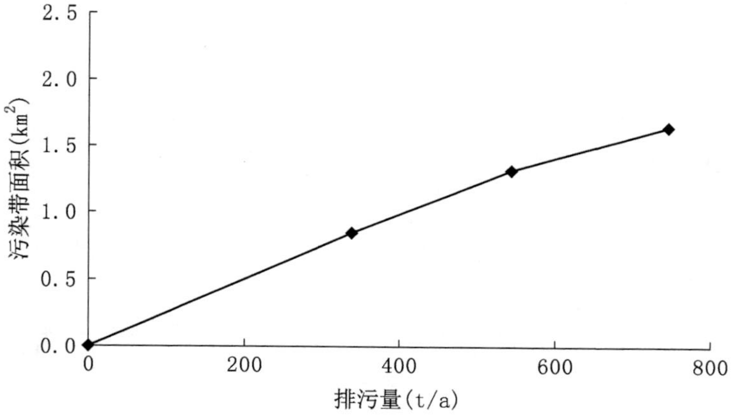

图 5.2.17 高锰酸盐指数污染带面积随排污量变化关系曲线图(扁担河)

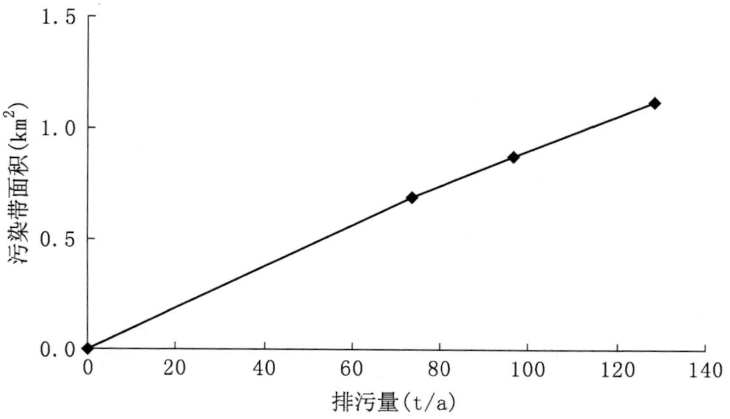

图 5.2.18 氨氮污染带面积随排污量变化关系曲线图(中干河)

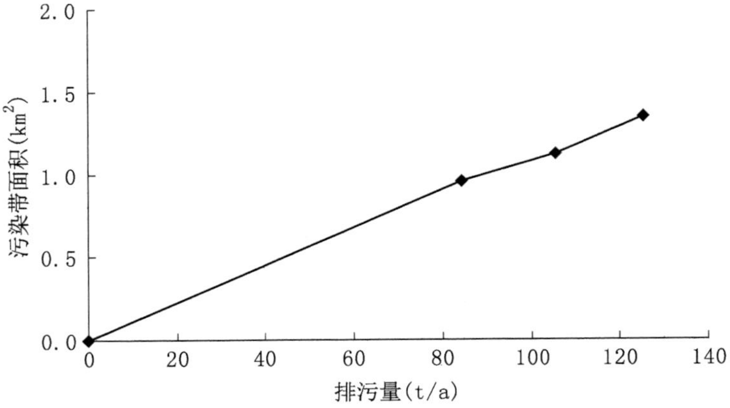

图 5.2.19　氨氮污染带面积随排污量变化关系曲线图(北干河)

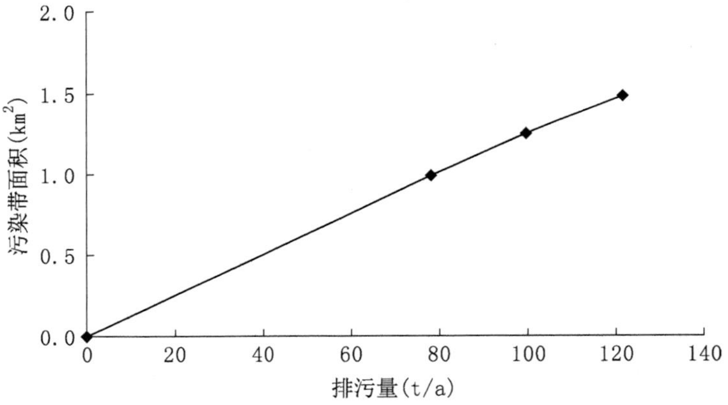

图 5.2.20　氨氮污染带面积随排污量变化关系曲线图(湟里河)

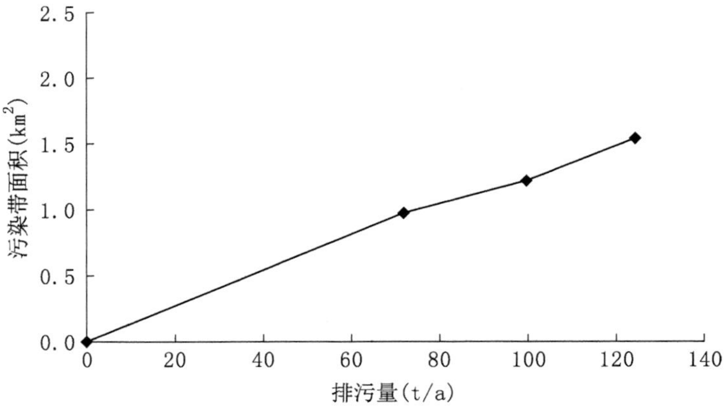

图 5.2.21　氨氮污染带面积随排污量变化关系曲线图(扁担河)

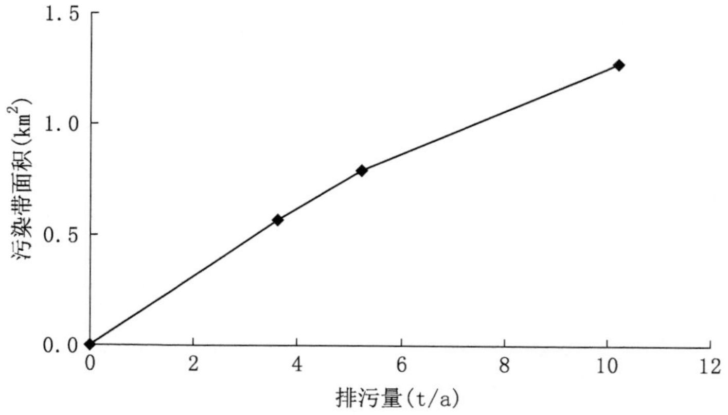

图 5.2.22 总磷污染带面积随排污量变化关系曲线图(中干河)

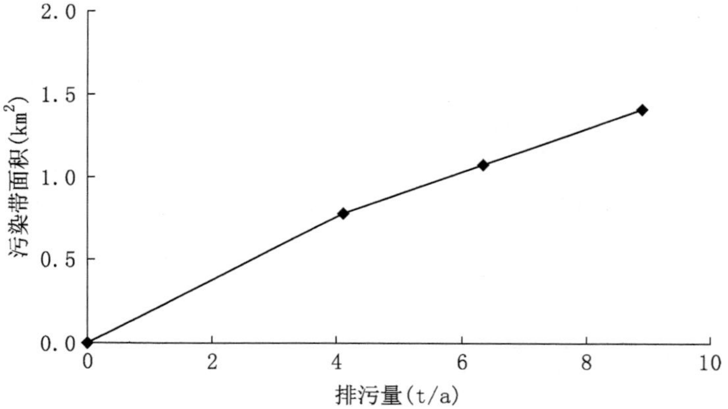

图 5.2.23 总磷污染带面积随排污量变化关系曲线图(北干河)

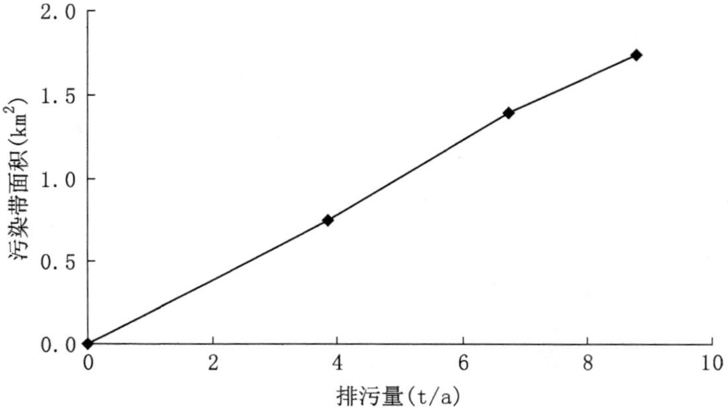

图 5.2.24 总磷污染带面积随排污量变化关系曲线图(湟里河)

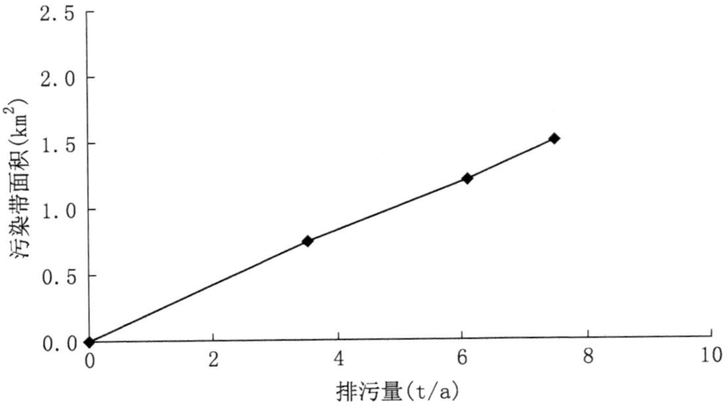

图 5.2.25　总磷污染带面积随排污量变化关系曲线图(扁担河)

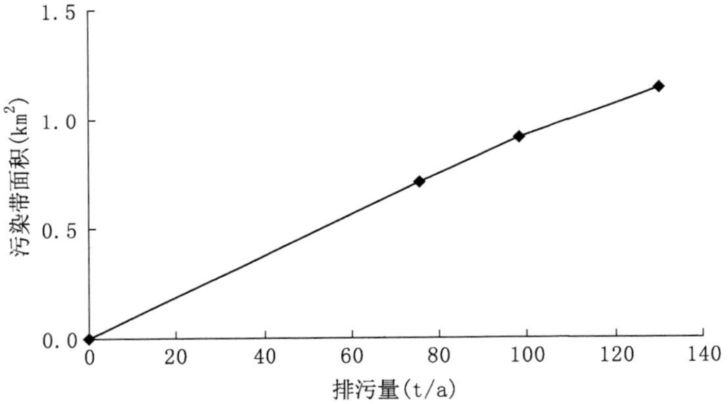

图 5.2.26　总氮污染带面积随排污量变化关系曲线图(中干河)

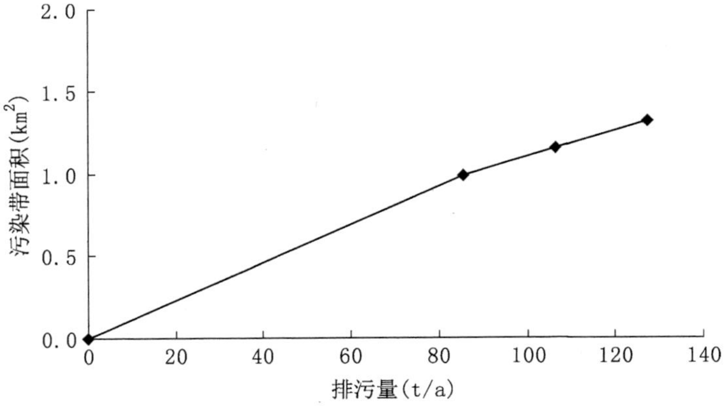

图 5.2.27　总氮污染带面积随排污量变化关系曲线图(北干河)

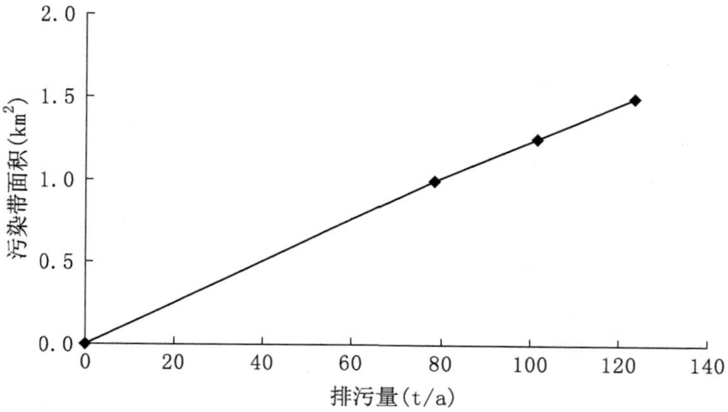

图 5.2.28 总氮污染带面积随排污量变化关系曲线图(湟里河)

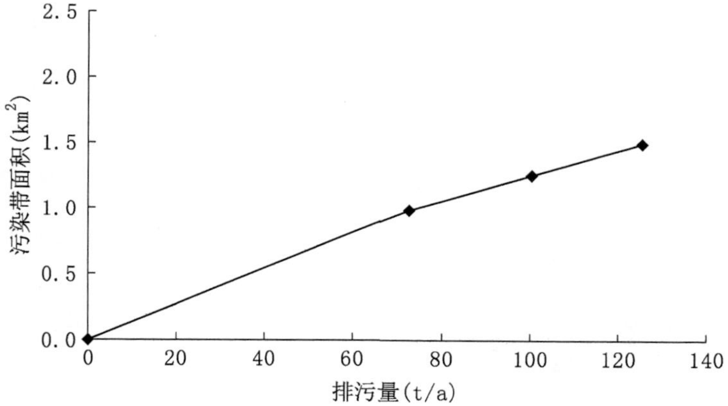

图 5.2.29 总氮污染带面积随排污量变化关系曲线图(扁担河)

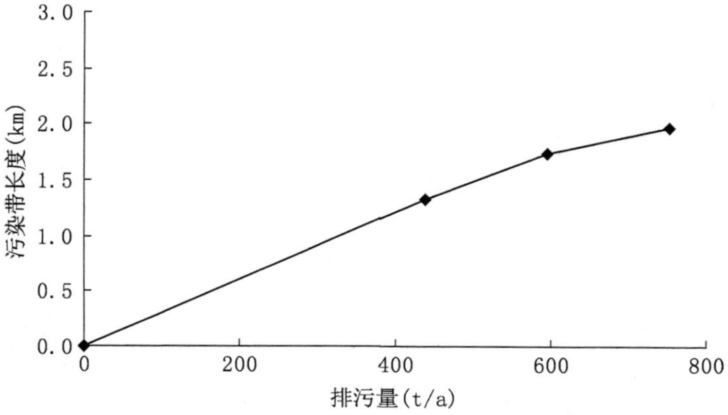

图 5.2.30 高锰酸盐指数污染带长度随排污量变化关系曲线(中干河)

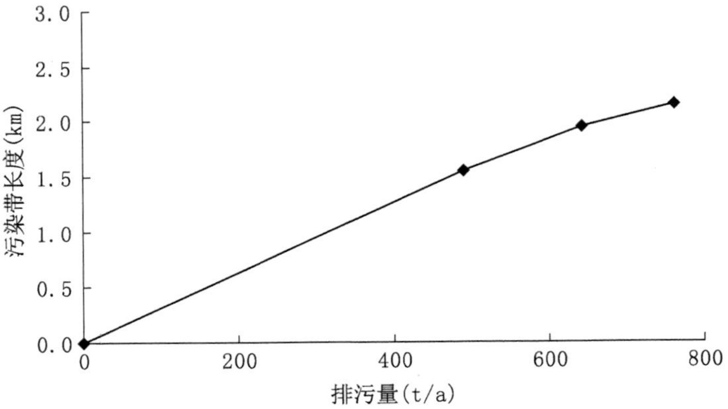

图 5.2.31 高锰酸盐指数污染带长度随排污量变化关系曲线(北干河)

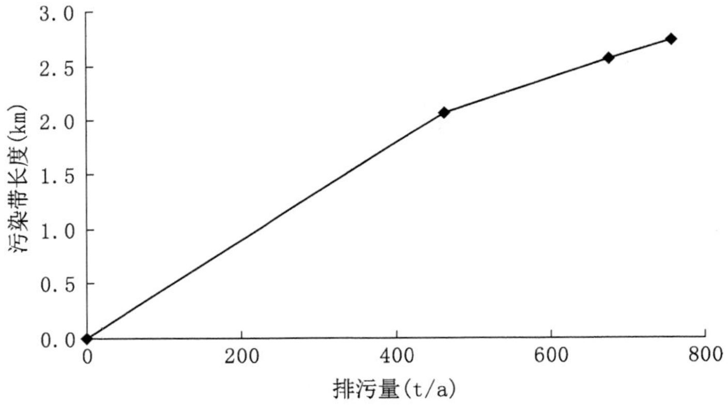

图 5.2.32 高锰酸盐指数污染带长度随排污量变化关系曲线(湟里河)

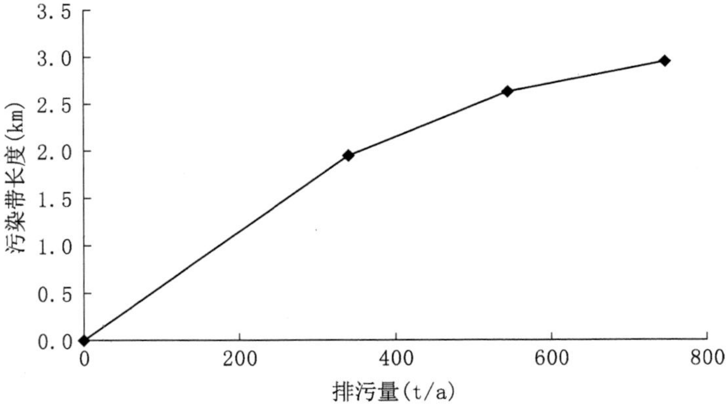

图 5.2.33 高锰酸盐指数污染带长度随排污量变化关系曲线(扁担河)

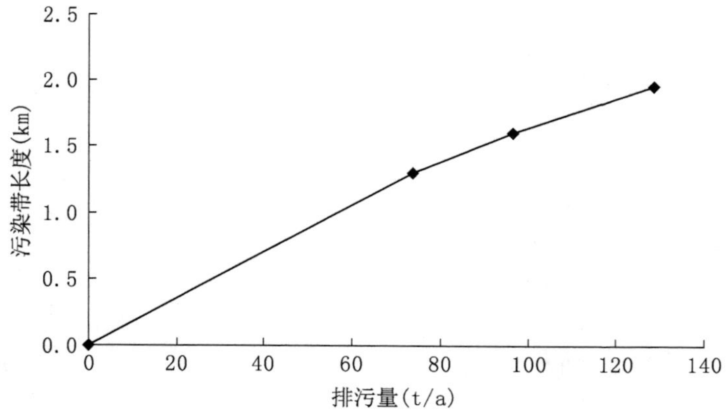

图 5.2.34 氨氮污染带长度随排污量变化关系曲线(中干河)

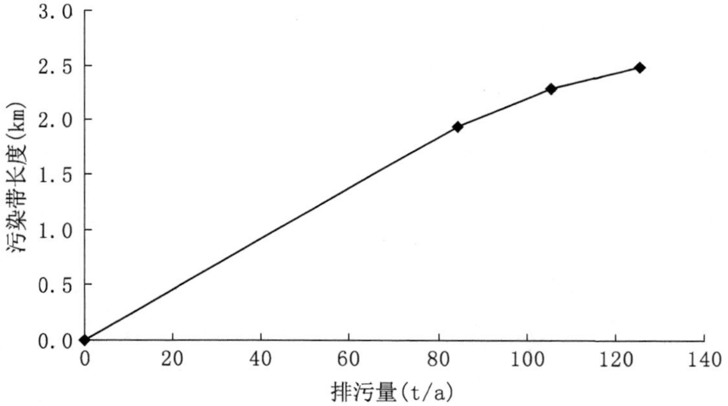

图 5.2.35 氨氮污染带长度随排污量变化关系曲线(北干河)

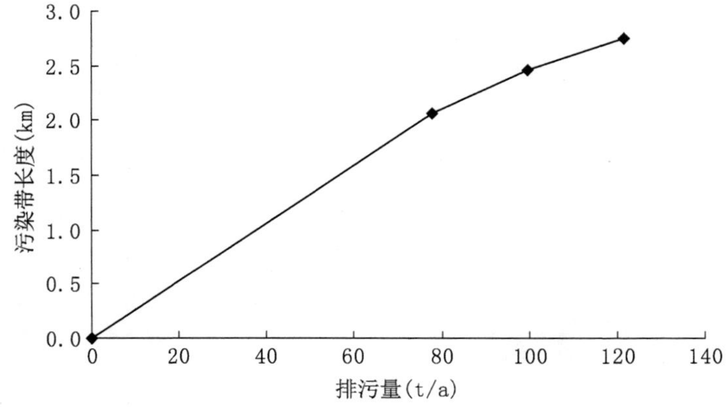

图 5.2.36 氨氮污染带长度随排污量变化关系曲线(湟里河)

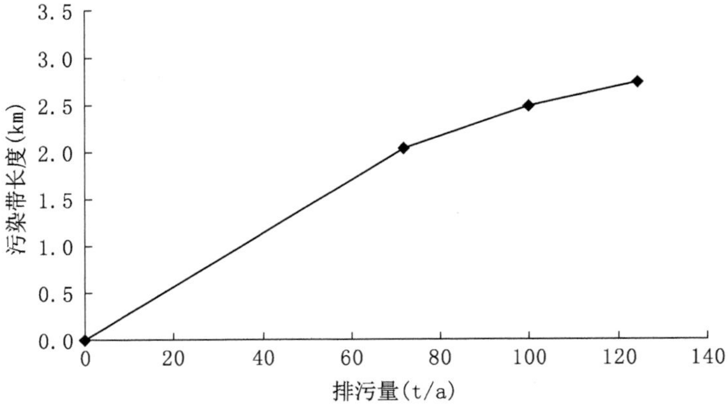

图 5.2.37　氨氮污染带长度随排污量变化关系曲线(扁担河)

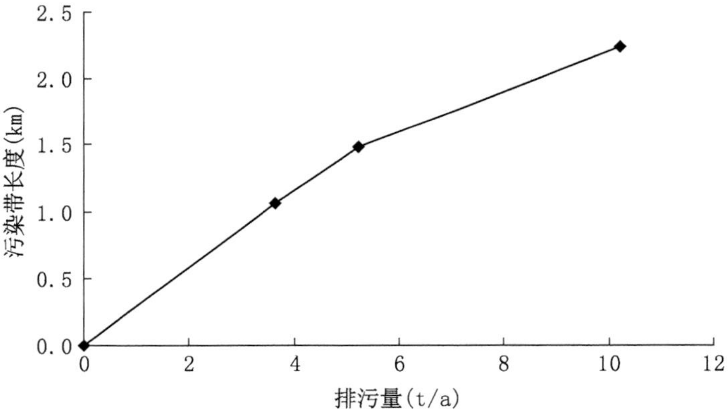

图 5.2.38　总磷污染带长度随排污量变化关系曲线(中干河)

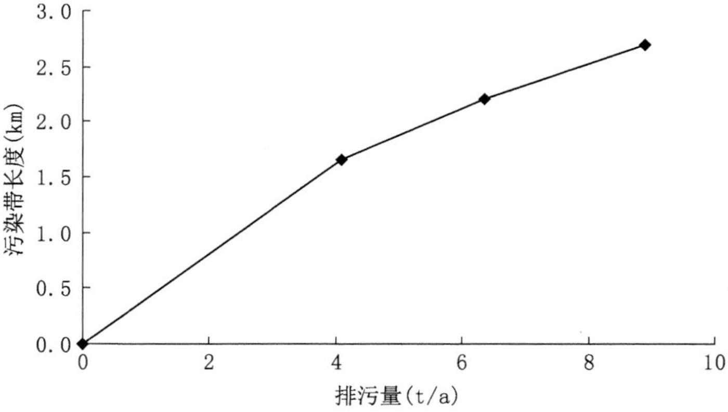

图 5.2.39　总磷污染带长度随排污量变化关系曲线(北干河)

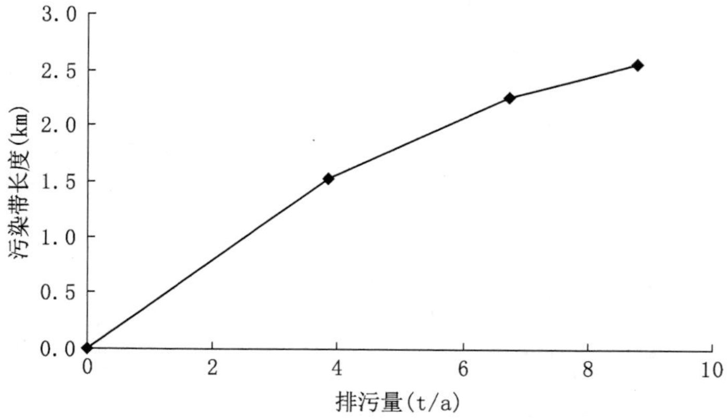

图 5.2.40　总磷污染带长度随排污量变化关系曲线(湟里河)

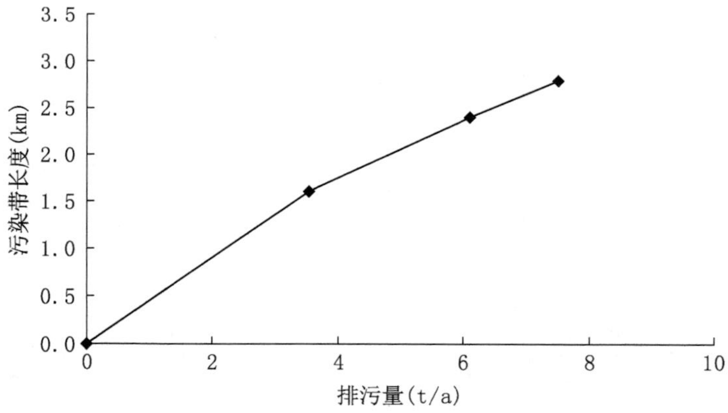

图 5.2.41　总磷污染带长度随排污量变化关系曲线(扁担河)

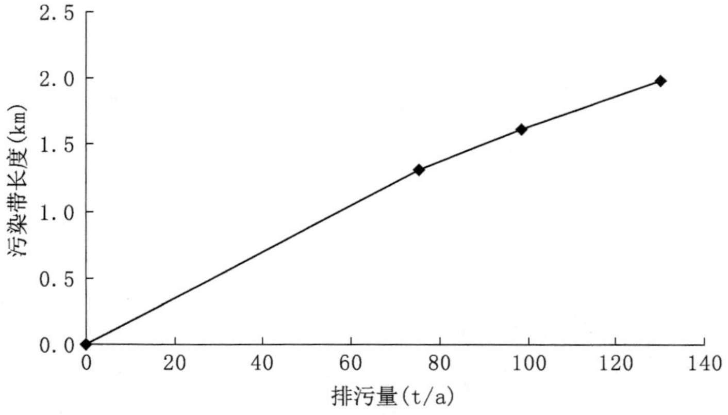

图 5.2.42　总氮污染带长度随排污量变化关系曲线(中干河)

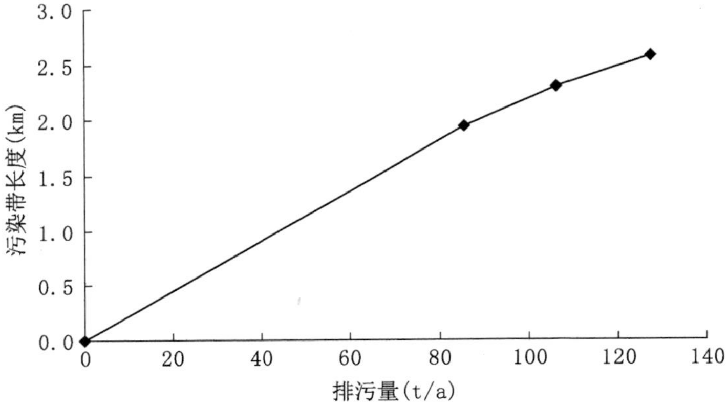

图 5.2.43　总氮污染带长度随排污量变化关系曲线(北干河)

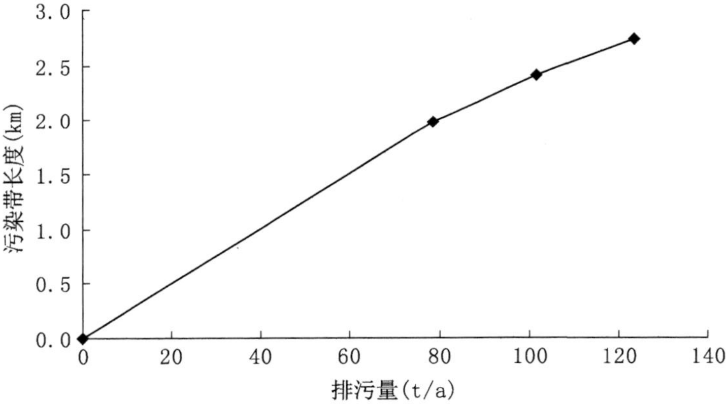

图 5.2.44　总氮污染带长度随排污量变化关系曲线(湟里河)

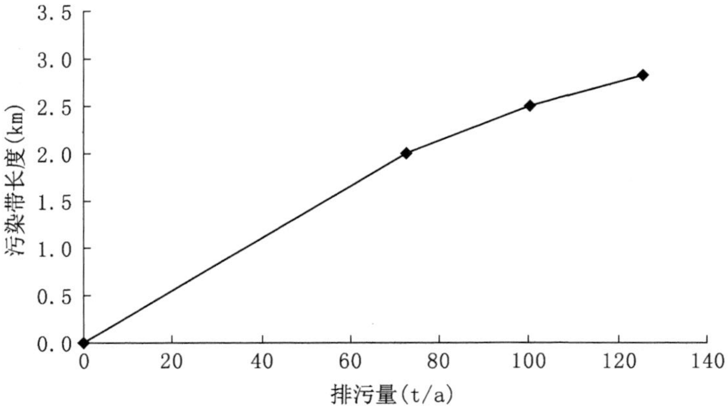

图 5.2.45　总氮污染带长度随排污量变化关系曲线(扁担河)

根据污染带面积与排污量响应关系曲线可查出入湖口污染带面积在1～2 km^2时的排污量，然后将污染带长度与排污量响应关系曲线中查出的相应排污量对应长度的平均值作为单个排污口的控制长度，控制混合带总长度小于滆湖岸线长度的10%来进行湖体水环境容量计算。计算滆湖总环境容量，计算结果见表5.2.2。

表5.2.2 滆湖湖体水环境容量值 单位：t/a

区域	高锰酸盐指数	COD	总氮	氨氮	总磷
中干河	600	1 800	125	110	7.5
北干河	550	1 650	105	85	5.8
湟里河	450	1 350	95	80	5.2
扁担河	400	1 200	90	75	5.2
其他	1 580	4 740	310	250	22.1
总滆湖湖体	3 580	10 740	725	600	45.8

由表5.2.2可知，在控制单个污染带面积1 km^2，污染带总长度为湖岸线长度的10%的基础上，采用风向、风速加权频率计算得到滆湖体COD的水环境容量为10 740 t/a，氨氮的水环境容量为600 t/a，总氮的水环境容量为725 t/a，总磷的水环境容量为45.8 t/a。

5.3 河网水环境容量计算

5.3.1 计算方法

（1）水环境容量基本计算公式

水环境容量是一定水体在规定的环境目标下所能容纳的污染物的最大负荷。其大小主要与水体特征、污染物特征以及水质目标有关，这些因素直接影响入流污染物的稀释能力以及污染物质在水体中的时空分布。

水环境容量由自净容量和稀释容量两部分组成，其计算公式如下：

$$W = Q_0(C_s - C_0) + KVC_s + qC_s \tag{5.3.1}$$

式中：W——水环境容量；

Q_0、C_0——进口断面的入流流量和水质浓度；

q ——旁侧入流流量；

C_s ——该水体的水质标准；

V ——水体体积；

K ——水质降解系数。

(2) 双向河流环境容量计算

对于往复流地区，采用双向河流计算其水环境容量，计算公式为：

$$W=\frac{A-B}{A}W_{\text{正}}+\frac{B}{A}W_{\text{反}} \tag{5.3.2}$$

式中：A ——计算时间段；

B ——反向流在计算时间段中的天数。

$W_{\text{正}}$为正向河流的水环境容量值，具体计算公式为：

$$W_{\text{正}}=Q_{01}(C_s-C_{01})+K_1V_1C_s \tag{5.3.3}$$

$W_{\text{反}}$为反向河流的水环境容量值，具体计算公式为：

$$W_{\text{反}}=Q_{02}(C_s-C_{02})+K_2V_2C_s \tag{5.3.4}$$

(3) 计算结果的时空叠加

计算中最小空间计算单元为河段(河段为两节点之间的河道，河段的流量基本一致)；最小时间计算单元为日。采用双向河流水环境容量计算公式进行水环境容量计算时，首先计算出各河段每日的水环境容量值，再对空间和时间求和算出各河道的水环境容量值，计算公式如下：

$$W=\sum_{j=1}^{n}\sum_{i=1}^{m}a_{ij}W_{ij} \tag{5.3.5}$$

式中：W ——总体河流水环境容量值；

W_{ij}——i 河段在 j 时段的水环境容量值；

a_{ij} ——不均匀系数；

m ——该河道的河段数；

n ——计算时段的天数(对于太湖流域，枯水期为 11、12、1、2、3、4 月的天数；枯水月为枯水月份的天数；年平均值为全年的天数)。

(4) 削减量

污染物削减量的定义为现状污染物入河量减去环境容量。若为正，则为污染

物削减量;若为负,则为剩余环境容量。即:

$$W_{削减量} = W_{入河量} - W \tag{5.3.6}$$

式中:W ——环境容量,t/a;

$W_{削减量}$ ——污染物削减量,t/a;

$W_{入河量}$ ——现状污染物入河量,t/a;

(5) 削减率

削减率定义为:削减量与现状污染物入河量的比值,即:

$$削减率 = \frac{W_{削减量}}{W_{入河量}} \tag{5.3.7}$$

5.3.2 典型年选取及设计水文条件计算

(1) 太湖流域典型年选取

典型年主要依据太湖流域的降水量资料进行选取,考虑太湖流域 36 个水文分区的雨量站的分布,采用丹阳、茅东、赵村、溧阳、宜兴、常州、陈墅等 80 多个雨量站 1954—1988 年共 35 年的年降水量资料,进行频率分析,统计结果见表 5.3.1。

表 5.3.1 1954—1988 年降水量统计表

全流域				阳澄淀泖区		杭嘉湖区		澄锡虞区	
m	年份	降雨(mm)	$P=m/(n+1)100\%$	年份	降雨(mm)	年份	降雨(mm)	年份	降雨(mm)
1	1954	1 939.6	2.8	1957	1 499.3	1954	1 775.8	1954	1 387.8
2	1957	1 435.5	5.8	1954	1 407.1	1983	1 570.8	1957	1 353.9
3	1977	1 402.5	8.3	1977	1 369.6	1957	1 457.2	1987	1 330.7
4	1987	1 395.9	11.1	1960	1 357.9	1985	1 355.7	1985	1 283.7
5	1983	1 370.5	13.9	1987	1 342.3	1960	1 355.5	1956	1 237.7
6	1956	1 327.0	16.7	1985	1 312.8	1977	1 354.1	1977	1 233.9
7	1985	1 317.2	19.4	1962	1 276.4	1987	1 352.7	1975	1 216.5
8	1960	1 311.4	22.2	1956	1 237.6	1959	1 347.8	1962	1 208.6
9	1962	1 264.5	25.0	1975	1 211.5	1973	1 337.7	1974	1 201.3
10	1980	1 254.7	27.8	1980	1 207.1	1956	1 296.1	1961	1 189.8
11	1975	1 249.8	30.6	1983	1 193.3	1980	1 263.0	1980	1 138.3

续表

全　流　域				阳澄淀泖区		杭嘉湖区		澄锡虞区	
12	1961	1 217.8	33.3	1 974	1156.7	1962	1 232.2	1955	1 117.8
13	1973	1 201.2	36.1	1961	1 133.2	1981	1 228.3	1964	1 093.8
14	1974	1 181.8	38.9	1973	1 093.8	1961	1 224.3	1963	1 089.7
15	1963	1 160.5	41.7	1963	1 068.9	1963	1 209.4	1960	1 081.0
16	1981	1 159.8	44.4	1955	1 057.9	1966	1 208.6	1983	1 065.1
17	1959	1 147.6	47.2	1958	1 023.0	1975	1 169.2	1970	1 052.6
18	1984	1 145.0	50.0	1959	1 022.2	1984	1 158.4	1965	1 028.2
19	1970	1 128.2	52.8	1981	1 021.5	1969	1 351.0	1981	1 023.3
20	1969	1 086.9	55.6	1970	1 021.1	1974	1 128.4	1972	1 023.3
21	1966	1 076.3	58.3	1986	1 001.2	1970	1 097.2	1988	1 014.0
22	1955	1 051.5	61.1	1984	970.3	1982	1 081.1	1984	1 008.5
23	1964	1 048.0	63.9	1969	959.9	1976	1 064.1	1958	959.5
24	1965	1 043.9	66.7	1976	946.5	1964	1 049.5	1969	914.5
25	1958	1 033.4	69.4	1966	945.6	1986	1 046.9	1982	899.2
26	1976	1 023.4	72.2	1964	940.0	1965	1 020.4	1973	896.2
27	1982	1 021.6	75.0	1982	914.9	1958	1 009.5	1966	892.7
28	1986	1 016.9	77.8	1972	894.2	1971	987.3	1979	890.1
29	1972	986.4	80.6	1965	889.3	1955	984.8	1986	885.6
30	1988	952.8	83.3	1988	855.7	1988	939.5	1976	883.3
31	1971	942.6	86.1	1979	847.6	1979	933.2	1959	870.3
32	1979	918.5	88.9	1968	823.8	1968	909.9	1968	837.1
33	1968	906.8	91.7	1967	811.4	1972	905.7	1967	821.8
34	1967	902.4	94.4	1971	790.6	1967	888.9	1971	811.1
35	1978	670.1	97.2	1978	617.3	1978	734.1	1978	542.1

由表 5.3.2 可知 1971 年的设计保证率全流域平均为 86.1％，但在考虑全流域枯水典型年的同时，兼顾阳澄淀泖区、杭嘉湖区和澄锡虞区各片的保证率，最终确定太湖流域 1971 年的枯水保证率为 90％(太湖局资料)。

(2) 太湖流域典型年水文统计特征

① 太湖流域设计月份选取

根据不同水利分区在典型年中选取设计月份，以月均最枯流量或月均最低水位作为典型年中设计月份选取的依据。太湖流域江苏区域划分为 4 个水利分区，分别为：

湖西区、澄锡虞区、阳澄区和淀泖区。4 个水利分区代表月份的选取结果见表 5.3.2。

表 5.3.2 4 个水利分区代表月份的选取结果

<table>
<tr><th colspan="2">流域分区</th><th>代表流量站或水位站(及所在河道)</th><th>实测月均最枯流量出现月份</th><th>实测月均最低水位出现月份</th><th>分区设计月份结果</th></tr>
<tr><td colspan="2" rowspan="4">湖西区</td><td>王母观(丹金溧漕河)</td><td></td><td>2</td><td rowspan="4">2</td></tr>
<tr><td>溧阳(丹金溧漕河)</td><td></td><td>2</td></tr>
<tr><td>白勺山(直湖港)</td><td></td><td>2</td></tr>
<tr><td>宜兴(南溪河)</td><td></td><td>2</td></tr>
<tr><td colspan="2" rowspan="4">澄锡虞区</td><td>青阳(锡澄运河)</td><td></td><td>2</td><td rowspan="4">2</td></tr>
<tr><td>甘露(菱岩荡)</td><td></td><td>2</td></tr>
<tr><td>甘露(望虞河)</td><td></td><td>2</td></tr>
<tr><td>陈墅(陈墅塘)</td><td></td><td>2</td></tr>
<tr><td colspan="2" rowspan="3">阳澄区</td><td>望亭(月城河)</td><td>2</td><td></td><td rowspan="3">2</td></tr>
<tr><td>望亭(大运河)</td><td>2</td><td></td></tr>
<tr><td>常熟(白茆塘)</td><td></td><td>2</td></tr>
<tr><td rowspan="4">淀泖区</td><td rowspan="3">Ⅰ区</td><td>陈墓</td><td></td><td>2</td><td rowspan="3">2</td></tr>
<tr><td>周巷</td><td></td><td>2</td></tr>
<tr><td>瓜泾口(瓜泾港)</td><td></td><td>2</td></tr>
<tr><td>Ⅱ区</td><td>平望(太浦河)</td><td>8</td><td></td><td>8</td></tr>
</table>

典型年中设计月份具体的选取方法是:在每个水利分区中找出具有一定空间代表性的流量站或水位站作为各水利分区的代表站,根据代表站实测资料统计得出最枯月均流量或最低月均水位所在的月份。若该水利分区中有代表性较好的流量站时,则选择该流量站在 1971 年的最枯流量出现的月份作为设计月份;若该水利分区中没有代表性较好的流量站时,则选择该水利分区中代表性较好的水位站在 1971 年中最低水位出现的月份作为设计月份。本次研究区域选取 1971 年 2 月作为设计月份。

② 太湖流域设计月份水位与近十年最枯月平均水位比较

设计流量是决定环境容量大小的关键问题之一,其数值的大小直接影响区域允许排放总量的多寡。为论证选取典型年最枯月作为设计月份的合理性,将 1971 年各分区代表站最枯月平均水位与近十年最枯月平均水位进行比较,见表 5.3.3。

表 5.3.3　1971 年最枯月与近十年最枯月平均水位比较表

流域分区代表站		1971 年 2 月平均水位（m）	近十年最枯月平均水位（m）
湖西区	王母观	2.49	2.67
	溧　阳	2.53	2.73
	白勺山	2.63	2.67
	宜　兴	2.51	2.58
澄锡虞区	青　阳	2.63	2.75
	甘露(菱)	2.59	2.78
	甘露(望)	2.60	2.73
	陈　墅	2.61	2.68
阳澄区	望亭(月)	2.62	2.68
	望亭(大)	2.65	2.78
	常　熟	2.52	2.66
淀泖区	陈　墓	2.14	2.29
	周　巷	2.20	2.37
	瓜泾口	2.44	2.62
	平　望	2.46(8 月)	2.60

从表 5.3.3 中可知太湖流域各水利分区代表站的 1971 年最枯月均水位与近十年最枯月平均水位值较接近，故选取 1971 年最枯月作为太湖流域设计月份是合理的。

太湖流域设计典型年流量特征见表 5.3.4。从表 5.3.4 可以看出 7 个流量站的典型年计算值与频率统计值(90%保证率)均在同一数量级的范围内，说明确定的设计流量是合理的。

表 5.3.4　太湖流域设计典型年流量特征表　　单位：m^3/s

编号	分区	流量站	典型年计算值	频率统计值（90%保证率）
1	湖西区	常州黄埝桥	8.4	6.62
2		常州漕桥	3.5	3.63
3		无锡白勺山	5.9	9.62
4		无锡宜兴(南)	5.7	4.7

续表

编号	分区	流量站	典型年计算值	频率统计值（90%保证率）
5	阳澄淀泖区	苏州枫桥	21.1	14.1
6		苏州瓜泾口	8.0	7.44
7		苏州平望(太)	77.2	64.7

注：频率统计值以最枯月平均流量进行频率分析计算。

5.3.3 水环境功能区划

按照水功能区划原则及江苏省功能区划的划分，研究区域内主要河道 2010 年和 2020 年功能区划水质目标及功能定位见表 5.3.5。

表 5.3.5 主要河道 2010 年和 2020 年功能定位表及功能区划水质目标

河名	河道起止	规划功能	2010 水质目标	2020 水质目标
太滆运河	滆湖—坊前	饮用、工业、农业	Ⅲ	Ⅲ
太滆运河	坊前—锡溧运河	工业、农业	Ⅲ	Ⅲ
太滆运河	锡溧运河—太湖	工业、农业	Ⅳ	Ⅲ
漕桥河	滆湖口—武宜运河	渔业、农业	Ⅲ	Ⅲ
漕桥河	武宜运河—太滆运河	工业	Ⅲ	Ⅲ

5.3.4 计算参数选取

(1) 水质降解系数

根据研究区域情况选择 COD、总氮、氨氮和总磷为控制指标。参考国内外水质降解系数的研究成果和《江苏省地表水环境容量核定技术报告》，并根据研究区域的具体情况，确定水体中 COD、氨氮、总氮和总磷的降解系数，其中 COD 降解系数为 0.08～0.11/d、总氮降解系数为 0.11～0.12/d、氨氮降解系数为 0.07～0.10/d、总磷降解系数为 0.05～0.08/d。

(2) 不均匀系数求取

由于污染物质很难在水体中达到完全均匀混合，故对计算出来的环境容量值要进行不均匀系数订正，一般河流越宽、不均匀系数越小；水面面积越大，不均匀系数越小。根据《江苏省主要水域纳污能力核定和限制排污总量研究》(2007 年)

研究成果，一般河流的不均匀系数取值范围见表 5.3.6。

表 5.3.6　一般性河流的不均匀系数取值范围表

河宽(m)	不均匀系数
0～50	0.8～1.0
50～100	0.6～0.8
100～150	0.4～0.6
150～200	0.1～0.4

5.3.5　计算结果

太滆运河 COD、总磷、氨氮和总氮等主要水质指标的环境容量分别为 1 603.89 t/a、7.53 t/a、77.76 t/a 和 91.51 t/a；漕桥河 COD、总磷、氨氮和总氮等主要水质指标的环境容量分别为 1 139.46 t/a、5.70 t/a、56.95 t/a 和 68.02 t/a，受水期影响，7—9 月的环境容量比较大，见图 5.3.1—图 5.3.8 以及表 5.3.7 和表 5.3.8。

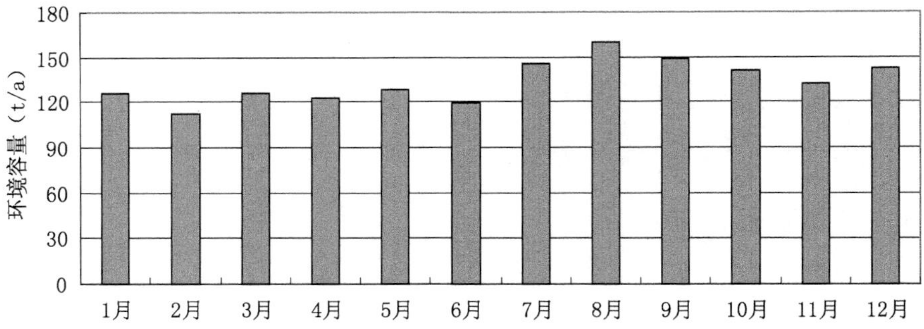

图 5.3.1　太滆运河环境容量(COD)

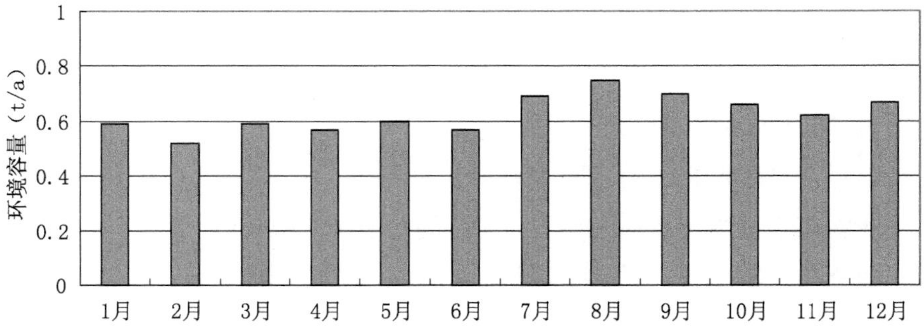

图 5.3.2　太滆运河环境容量(总磷)

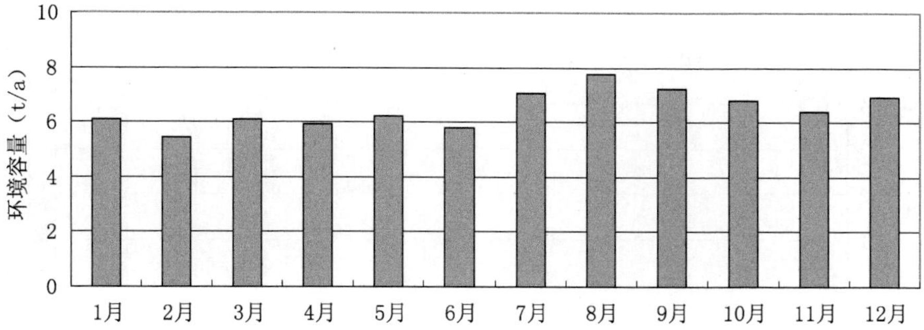

图 5.3.3　太滆运河环境容量(氨氮)

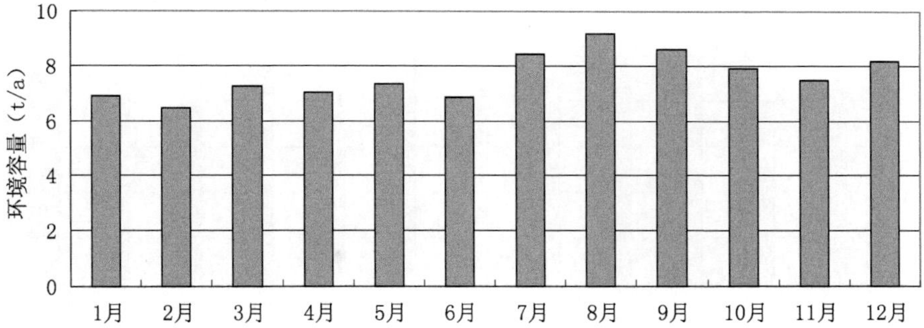

图 5.3.4　太滆运河环境容量(总氮)

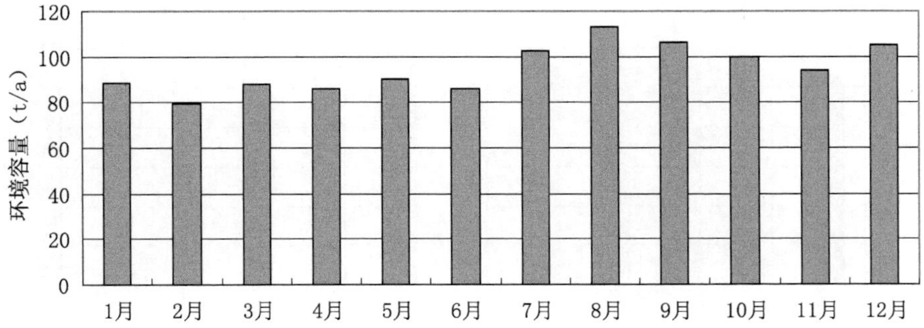

图 5.3.5　漕桥河环境容量(COD)

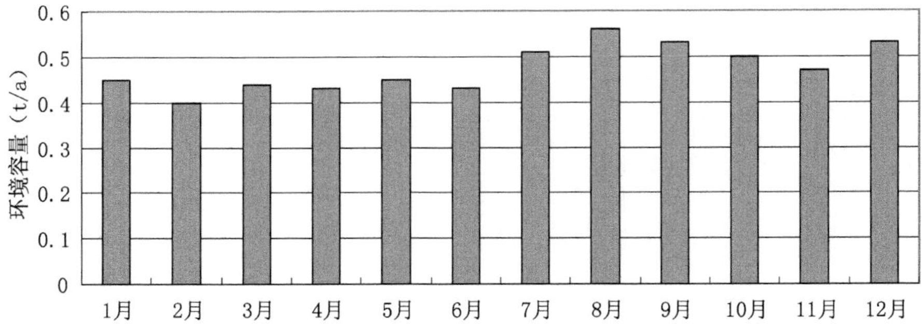

图 5.3.6　漕桥河环境容量(总磷)

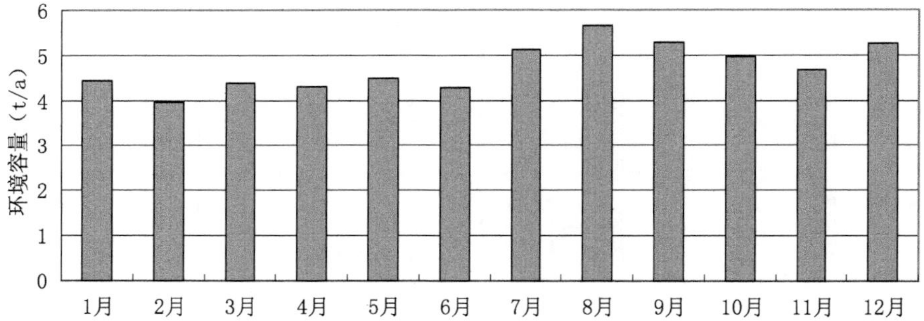

图 5.3.7　漕桥河环境容量(氨氮)

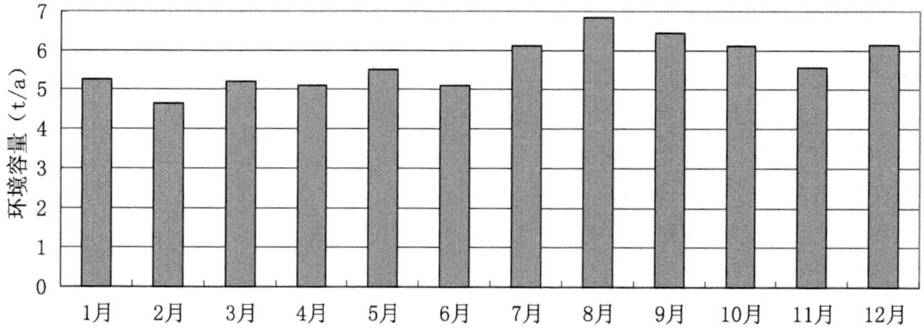

图 5.3.8　漕桥河环境容量(总氮)

表 5.3.7 太滆运河环境容量计算成果表

单位：t/a

河段	指标	1月	2月	3月	4月	5月	6月	7月	8月	9月	10月	11月	12月	合计
滆湖—坊前	COD	16.06	14.32	16.06	15.68	16.38	15.23	18.61	20.51	19.09	17.97	16.86	18.26	205.03
	总磷	0.08	0.07	0.08	0.08	0.08	0.08	0.09	0.10	0.10	0.09	0.08	0.09	1.02
	氨氮	0.80	0.72	0.80	0.78	0.82	0.76	0.93	1.03	0.95	0.90	0.84	0.91	10.24
	总氮	0.90	0.85	0.90	0.94	1.00	0.90	1.21	1.25	1.15	1.00	1.00	1.15	12.25
坊前—锡溧运河	COD	56.20	50.14	56.21	54.90	57.33	53.30	65.14	71.79	66.80	62.91	59.02	63.91	717.65
	总磷	0.28	0.25	0.28	0.27	0.29	0.27	0.33	0.36	0.33	0.31	0.30	0.32	3.59
	氨氮	2.81	2.51	2.81	2.74	2.87	2.66	3.26	3.59	3.34	3.15	2.95	3.20	35.89
	总氮	3.20	3.10	3.50	3.30	3.40	3.15	3.85	4.25	4.01	3.70	3.45	3.75	42.66
锡溧运河—太湖	COD	53.35	47.59	53.35	52.11	54.42	50.59	61.84	68.15	63.41	59.71	56.02	60.67	681.21
	总磷	0.23	0.20	0.23	0.22	0.23	0.22	0.27	0.29	0.27	0.26	0.24	0.26	2.92
	氨氮	2.48	2.21	2.48	2.42	2.53	2.35	2.87	3.16	2.94	2.77	2.60	2.82	31.63
	总氮	2.80	2.50	2.85	2.80	2.95	2.80	3.35	3.65	3.45	3.20	3.00	3.25	36.60

表 5.3.8 漕桥河环境容量计算成果表

单位：t/a

河段	指标	1月	2月	3月	4月	5月	6月	7月	8月	9月	10月	11月	12月	合计
滆湖口—武宜运河	COD	41.63	37.23	41.23	40.34	42.29	40.29	48.00	52.98	49.63	46.69	43.92	49.28	533.51
	总磷	0.21	0.19	0.21	0.20	0.21	0.20	0.24	0.26	0.25	0.23	0.22	0.25	2.67
	氨氮	2.08	1.86	2.06	2.02	2.11	2.01	2.40	2.65	2.48	2.33	2.20	2.46	26.66
	总氮	2.40	2.15	2.40	2.35	2.65	2.35	2.85	3.25	3.05	2.92	2.55	2.80	31.72
武宜运河—太滆运河	COD	47.28	42.28	46.83	45.82	48.03	45.76	54.52	60.17	56.37	53.03	49.89	55.97	605.95
	总磷	0.24	0.21	0.23	0.23	0.24	0.23	0.27	0.30	0.28	0.27	0.25	0.28	3.03
	氨氮	2.36	2.11	2.34	2.29	2.40	2.29	2.73	3.01	2.82	2.65	2.49	2.80	30.29
	总氮	2.85	2.50	2.80	2.75	2.85	2.75	3.25	3.60	3.40	3.20	3.00	3.35	36.30

5.4 污染控制方案

5.4.1 滆湖污染控制方案

（1）研究区污染物入河总量预测

预测基准年为 2007 年，研究区域经济增长速率类比《太湖流域水环境综合治理总体方案》，即按照 2008—2012 年污染物的增长速率与前 10 年相当、2012—2020 年增长减半的速率进行测算。考虑到研究片区的社会经济发展状况，未来农业种植面积和养殖规模受土地供给限制的影响，不可能持续扩展增长，因此农业面源污染以保持 2007 年现状数据进行测算较为合理。预测结果见表 5.4.1。

表 5.4.1 研究区污染物排放量预测 单位：t/a

水平年	COD	氨氮	总磷	总氮
2007	16 797.43	2 247.99	297.47	4 114.81
2012	20 349.55	2 437.528	335.6354	5242.67
2020	37 146.98	4 685.518	633.1054	6 378.76

（2）研究区域内污染物削减量计算

2012 年和 2020 年研究区域内污染物削减量计算结果见表 5.4.2。由表 5.4.2 可知，COD、氨氮、总磷、总氮等污染物的入湖量超过该区域的水环境容量，为满足研究区域的水环境功能要求，必须对 COD、氨氮、总磷、总氮等污染物排放量进行削减。

表 5.4.2 研究区域内污染物削减计算成果表

水平年	污染物	COD	氨氮	总磷	总氮
2007 年	基准年入湖量(t/a)	16 797.43	2 247.99	297.47	4 114.81
2012 年	预测总入湖量(t/a)	20 349.55	2 437.53	335.64	5 242.67
2012 年	环境容量(t/a)	10 740.00	600.00	45.80	725.00
2012 年	需要削减量(t/a)	9 609.55	1 837.53	289.84	4 517.67
2012 年	削减率	47%	75%	86%	86%

续表

水平年	污染物	COD	氨氮	总磷	总氮
2020 年	预测总入湖量(t/a)	37 146.98	4 685.52	633.11	6 378.76
	环境容量(t/a)	10 740.00	600.00	45.80	725.00
	需要削减量(t/a)	26 406.98	4 085.52	587.31	5 653.76
	削减率	71%	87%	93%	89%

5.4.2 漕桥河及太滆运河污染控制方案

5.4.2.1 漕桥河污染物削减目标

(1) 近期目标

到 2012 年,漕桥河和两岸 37 条主要河浜水质氨氮、总磷等指标明显改善,基本满足《地表水环境质量标准》(GB 3838—2002)Ⅳ类水功能要求。化学需氧量、氨氮、总磷分别比 2007 年削减 20%、62%和 54%,把主要指标排放总量控制在环境容量范围以内。研究范围内工业和农业结构得到优化调整,工业废水集中处理率达到 90%以上,重点村(原镇政府所在地)生活污水处理率达到 90%以上;乡村生活污水处理率达到 70%以上;村镇生活垃圾无害化处理率达到 80%以上;畜禽养殖业粪便资源化利用率达到 85%以上;种植业和畜禽养殖业等面源污染得到控制,农业面源污染对氨氮、总磷的贡献量削减 30%以上。

(2) 远期目标

到 2020 年,漕桥河全线,以及 37 条主要河浜水质基本达到《地表水环境质量标准》(GB 3838—2002)Ⅲ类水功能要求;化学需氧量、氨氮、总磷等主要指标排放总量控制在相应的环境容量范围以内,各种污染源削减率如下:

COD: 农业种植业 6%、畜禽养殖业 9%、水产养殖业 8%,生活污染源 46%和工业污染源 31%。

总氮: 农业种植业 22%、畜禽养殖业 12%、水产养殖业 7%,生活污染源 17%和工业污染源 17%。

氨氮: 农业种植业 13%、畜禽养殖业 12%,生活污染源 22%和工业污染源 24%。

总磷: 农业种植业 16%、畜禽养殖业 15%、水产养殖业 26%,生活污染源

14%和工业污染源20%。

5.4.2.2 太滆运河污染物削减目标

(1) 近期目标

到2012年,太滆运河和两岸25条主要支浜水质总氮、氨氮、总磷等指标明显改善,基本满足《地表水环境质量标准》(GB 3838—2002)Ⅳ类水功能要求。化学需氧量、氨氮、总磷分别比2007年削减20%、62%和54%,把主要指标排放总量控制在环境容量范围以内,各种污染源削减率如下:

COD:农业面源6.1%、畜禽养殖业10.7%、水产养殖业6.4%,生活污染源62.8%和工业污染源14.1%。

总氮:农业面源19.1%、畜禽养殖业12.1%、水产养殖业4.8%,生活污染源44.1%和工业污染源2.5%。

氨氮:农业种植业10.5%、畜禽养殖业12.4%,生活污染源53.7%和工业污染源3.6%。

总磷:农业种植业13.2%、畜禽养殖业21.2%、水产养殖业17.6%,生活污染源34.1%和工业污染源7.4%。

(2) 远期目标

到2020年,太滆运河全线水质基本达到《地表水环境质量标准》(GB 3838—2002)Ⅲ类水功能要求;总氮、氨氮、COD和总磷等主要指标排放总量控制在相应的环境容量范围以内,各种污染源削减率如下:

COD:农业面源5.0%、畜禽养殖业8.8%、水产养殖业5.2%,生活污染源51.9%和工业污染源11.6%。

氨氮:农业种植业9.9%、畜禽养殖业11.6%,生活污染源50.3%和工业污染源3.4%。

总磷:农业种植业12.4%、畜禽养殖业20.0%、水产养殖业16.6%,生活污染源32.2%和工业污染源6.9%。

5.4.2.3 漕桥河及太滆运河污染物削减量

漕桥河及太滆运河研究区域内污染物削减量计算结果见表5.4.3—表5.4.6。COD、氨氮、总氮和总磷等污染物的入湖、入河量超过该研究区域的水环境容量,为满足研究区域的水环境功能要求,必须对其排放量进行削减。

表 5.4.3　各断面污染物削减量计算(2012 年)

单位：t/a

断面		COD			氨氮			总氮			总磷		
		排放量	容量	削减量	排放量	容量	削减量	排放量	容量	削减量	排放量	容量	削减量
漕桥河	滆湖口—武宜运河	945.89	693.56	252.33	120.91	34.65	85.54	177.43	24.5	152.93	7.74	3.47	4.2
	武宜运河—太滆运河	1 061.33	605.95	455.38	150.82	30.29	120.54	221.31	85.32	135.99	12.22	3.03	9.18
太滆运河	滆湖—坊前	258.69	205.04	53.65	34.86	10.25	24.60	135.98	73.2	62.78	2.34	1.02	1.33
	坊前—锡溧漕河	1 250.14	717.65	532.49	194.81	35.88	158.94	264.22	63.44	200.77	16.87	3.59	13.27
	锡溧漕河—太湖	767.03	681.2	85.83	38.15	31.63	6.52	132.75	72.6	60.15	5.26	2.92	2.34

表 5.4.4　各断面污染物按月削减量(2012 年)

单位：t/a

断面			1 月	2 月	3 月	4 月	5 月	6 月	7 月	8 月	9 月	10 月	11 月	12 月
漕桥河	滆湖口—武宜运河	COD	19.69	17.61	19.50	19.08	20.00	19.06	22.70	25.06	23.47	22.08	20.77	23.31
		氨氮	6.02	6.67	6.52	6.84	6.52	7.76	8.56	8.02	7.55	7.09	7.97	6.74
		总氮	10.76	11.92	11.66	12.23	11.66	13.87	15.30	14.34	13.50	12.68	14.25	10.76
		总磷	0.29	0.32	0.32	0.34	0.32	0.38	0.43	0.39	0.38	0.35	0.39	0.36
	武宜运河—太滆运河	COD	35.54	31.78	35.19	34.43	36.10	34.39	40.97	45.22	42.36	39.85	37.48	42.07
		氨氮	9.41	8.41	9.32	9.11	9.56	9.10	10.84	11.97	11.21	10.55	9.93	11.12
		总氮	9.57	10.60	10.37	10.87	10.37	12.34	13.61	12.75	12.00	11.27	12.67	9.57
		总磷	0.71	0.64	0.71	0.69	0.73	0.69	0.83	0.91	0.86	0.80	0.76	0.86

（续表）

断面			1月	2月	3月	4月	5月	6月	7月	8月	9月	10月	11月	12月
太滆运河	滆湖—坊前	COD	7.15	5.96	4.77	2.38	3.73	5.07	6.26	4.02	3.13	4.62	3.80	2.76
		氨氮	3.28	2.73	2.19	1.09	1.71	2.32	2.87	1.85	1.44	2.12	1.74	1.27
		总氮	8.48	7.06	5.60	2.73	4.34	5.97	7.38	4.66	3.59	5.40	4.42	3.15
		总磷	0.18	0.15	0.12	0.06	0.09	0.13	0.15	0.10	0.08	0.11	0.09	0.06
	坊前—锡溧运河	COD	71.00	59.17	47.33	23.67	36.98	50.29	62.12	39.94	31.06	45.85	37.72	27.36
		氨氮	21.19	17.66	14.13	7.06	11.04	15.01	18.54	11.92	9.27	13.69	11.26	8.16
		总氮	27.42	22.79	17.97	8.55	13.82	19.20	23.73	14.76	11.30	17.27	14.09	9.88
		总磷	1.77	1.48	1.18	0.59	0.92	1.25	1.55	1.00	0.77	1.14	0.94	0.69
	锡溧漕河—太湖	COD	11.44	9.54	7.63	3.81	5.96	8.11	10.01	6.44	5.01	7.39	6.08	4.41
		氨氮	0.87	0.72	0.58	0.29	0.45	0.62	0.76	0.49	0.38	0.56	0.46	0.34
		总氮	8.77	7.28	5.67	2.58	4.31	6.09	7.53	4.56	3.44	5.42	4.39	0.11
		总磷	0.31	0.26	0.21	0.10	0.16	0.22	0.27	0.18	0.14	0.20	0.17	0.12

表 5.4.5 各断面污染物削减量计算(2020 年)

单位：t/a

断面		COD			氨氮			总氮			总磷		
		排放量	容量	削减量	排放量	容量	削减量	排放量	容量	削减量	排放量	容量	削减量
漕桥河	漏湖口—武宜运河	1 071.17	693.56	377.61	132.26	34.66	97.60	195.00	24.50	170.50	8.78	3.47	5.31
	武宜运河—太滆运河	1 263.37	605.95	657.42	185.72	30.29	155.43	273.82	85.32	188.50	13.92	3.03	10.89
太滆运河	滆湖—坊前	295.81	225.54	70.27	38.42	11.28	27.14	261.13	73.20	187.93	5.50	1.12	4.38
	坊前—锡溧漕河	1 353.94	789.42	564.53	184.49	39.47	145.02	288.13	63.44	224.69	16.93	3.95	12.98
	锡溧漕河—太湖	683.55	749.32	−65.77	117.45	34.79	82.66	95.37	72.60	22.77	9.44	3.21	6.23

注：武宜运河流入漕桥河的计入漏湖口—武宜运河段。

表 5.4.6 各断面污染物按月削减量(2020 年)

单位：t/a

			1 月	2 月	3 月	4 月	5 月	6 月	7 月	8 月	9 月	10 月	11 月	12 月
漕桥河	漏湖口—武宜运河	COD	29.47	26.35	29.18	28.55	29.93	28.52	33.97	37.50	35.13	33.05	31.09	34.87
		氨氮	7.62	6.81	7.54	7.37	7.74	7.38	8.78	9.69	9.08	8.55	8.03	9.01
		总氮	13.31	11.90	13.17	12.87	13.52	12.89	15.34	16.93	15.86	14.93	14.03	15.75
		总磷	0.41	0.37	0.41	0.40	0.42	0.40	0.48	0.53	0.49	0.47	0.44	0.49
	武宜运河—太滆运河	COD	51.30	45.88	50.80	49.71	52.11	49.65	59.15	65.29	61.16	57.53	54.11	60.73
		氨氮	12.13	10.85	12.01	11.75	12.32	11.74	13.98	15.43	14.46	13.60	12.80	14.36
		总氮	14.72	13.15	14.56	14.23	14.95	14.25	16.96	18.71	17.53	16.51	15.51	17.42
		总磷	0.85	0.76	0.85	0.82	0.86	0.82	0.98	1.08	1.01	0.95	0.90	1.01

（续表）

			1月	2月	3月	4月	5月	6月	7月	8月	9月	10月	11月	12月
太滆运河	滆湖—坊前	COD	9.37	7.81	6.25	3.12	4.88	6.64	8.20	5.27	4.10	6.05	4.98	3.60
		氨氮	3.62	3.02	2.41	1.21	1.89	2.56	3.17	2.04	1.58	2.34	1.92	1.38
		总氮	14.67	13.11	14.52	14.19	14.90	14.21	16.90	18.66	17.48	16.46	15.46	17.37
		总磷	0.58	0.49	0.39	0.19	0.30	0.41	0.51	0.33	0.26	0.38	0.31	0.23
	坊前—锡溧运河	COD	75.27	62.73	50.18	25.09	39.20	53.32	65.86	42.34	32.93	48.61	39.99	29.01
		氨氮	19.34	16.11	12.89	6.45	10.07	13.70	16.92	10.88	8.46	12.49	10.27	7.44
		总氮	17.54	15.68	17.36	16.97	17.82	16.99	20.21	22.31	20.90	19.68	18.48	20.75
		总磷	1.73	1.44	1.15	0.58	0.90	1.23	1.51	0.97	0.76	1.12	0.92	0.67
	锡溧漕河—太湖	COD	/	/	/	/	/	/	/	/	/	/	/	/
		氨氮	11.02	9.18	7.35	3.67	5.74	7.81	9.64	6.20	4.82	7.12	5.86	4.25
		总氮	1.78	1.59	1.76	1.72	1.81	1.72	2.05	2.26	2.12	1.99	1.87	2.10
		总磷	0.83	0.69	0.55	0.28	0.43	0.59	0.73	0.47	0.36	0.54	0.44	0.32

5.5 水质水量联合调控方案

5.5.1 调控方案制定

本书相关研究的主要目标是改善滆湖水质，构建清水水源；减少太滆运河和漕桥河等主要入太湖河流的污染负荷，实现清水河道构建，从而建立起太湖上游湖西地区水污染防控和水环境保护屏障。因此，本书重点研究滆湖、太滆运河和漕桥河等水体的水质改善效果。

研究区属于典型的河网地区，水系之间水力联系错综复杂，其中漕桥河上游来水主要出自武宜运河、滆湖和锡溧漕河等，太滆运河上游来水主要包括滆湖、武宜运河、永安河和锡溧漕河等。2009 年，太滆运河和漕桥河主要上游来水水质见表 5.5.1。

表 5.5.1 上游来水水质变化情况

河流	上游来水	断面	高锰酸盐指数(mg/L)	氨氮(mg/L)	总磷(mg/L)	水环境功能目标
太滆运河	武宜运河	万塔桥	3.6～7.8	0.71～2.02	0.116～0.435	Ⅳ
	滆湖	太滆河口区	5.5～6.1	0.75～1.15	0.122～0.158	Ⅲ
	永安河	前黄桥	5.1～10.9	1.46～2.55	0.216～0.297	Ⅳ
	锡溧漕河	华渡桥	4.1～6.1	1.31～3.80	0.169～0.246	Ⅳ
漕桥河	武宜运河	钟溪大桥	4.4～8.0	1.38～3.67	0.186～0.278	Ⅲ
	锡溧漕河	武宜大桥	4.3～6.7	0.32～2.22	0.128～0.24	Ⅳ

针对研究区域特定的地理位置，特有的河流湖荡密布、关联的水文条件，水环境与污染源状况，区域社会经济发展水平，以及构建太湖上游污染控防和水环境保护屏障的要求，分别从水量调配、污染负荷控制、上游来水水质控制等方面制定水量水质联合调控方案，其中水量调配主要考虑通过新孟河和北干河引长江水入滆湖，具体的调控方案见表 5.5.2。

表 5.5.2　调控方案表

方案	水量调配	污染负荷控制	上游河流来水水质控制
方案一	引长江水 12.0 亿 m^3/a	滆湖周边污染负荷削减：COD 2 200 t/a，氨氮 1050 t/a，总磷 285 t/a	维持现状
		太滆运河沿岸污染负荷削减：COD 100 t/a，氨氮 220 t/a，总磷 20 t/a	
		漕桥河沿岸污染负荷削减：COD 350 t/a，氨氮 250 t/a，总磷 22 t/a	
方案二	引长江水 12.0 亿 m^3/a	滆湖周边污染负荷削减：COD 2 200 t/a，氨氮 1050 t/a，总磷 285 t/a	水功能区达标
		太滆运河沿岸污染负荷削减：COD 100 t/a，氨氮 220 t/a，总磷 20 t/a	
		漕桥河沿岸污染负荷削减：COD 350 t/a，氨氮 250 t/a，总磷 22 t/a	
方案三	引长江水 6.0 亿 m^3/a	滆湖周边污染负荷削减：COD 4 500 t/a，氨氮 1 400 t/a，总磷 280 t/a	维持现状
		太滆运河沿岸污染负荷削减：COD 100 t/a，氨氮 220 t/a，总磷 20 t/a	
		漕桥河沿岸污染负荷削减：COD 350 t/a，氨氮 250 t/a，总磷 22 t/a	
方案四	引长江水 6.0 亿 m^3/a	滆湖周边污染负荷削减：COD 4 500 t/a，氨氮 1 400 t/a，总磷 280 t/a	水功能区达标
		太滆运河沿岸污染负荷削减：COD 100 t/a，氨氮 220 t/a，总磷 20 t/a	
		漕桥河沿岸污染负荷削减：COD 350 t/a，氨氮 250 t/a，总磷 22 t/a	
方案五	0	滆湖周边污染负荷削减：COD 6100 t/a，氨氮 1 700 t/a，总磷 255 t/a	维持现状
		太滆运河沿岸污染负荷削减：COD 100 t/a，氨氮 220 t/a，总磷 20 t/a	
		漕桥河沿岸污染负荷削减：COD 350 t/a，氨氮 250 t/a，总磷 22 t/a	
方案六	0	滆湖周边污染负荷削减：COD 6100 t/a，氨氮 1 700 t/a，总磷 255 t/a	水功能区达标
		太滆运河沿岸污染负荷削减：COD 100 t/a，氨氮 220 t/a，总磷 20 t/a	
		漕桥河沿岸污染负荷削减：COD 350 t/a，氨氮 250 t/a，总磷 22 t/a	

5.5.2 调控方案的预测结果

根据 5.5.1 节所确定的调控方案，利用 4.1 节和 4.2 节所建立的水环境数学模型进行联合计算，得到不同方案条件下主要控制断面水质计算结果见图 5.5.1—图 5.5.18 和表 5.5.3—表 5.5.5。

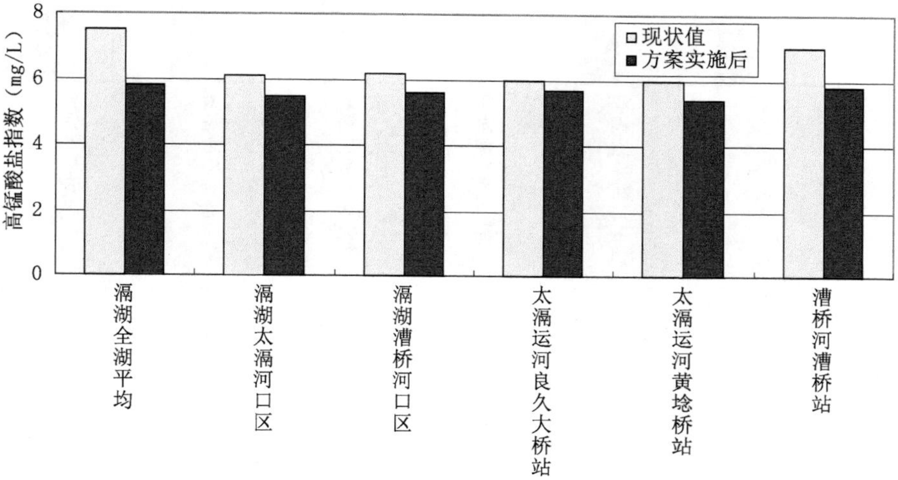

图 5.5.1　调控方案一实施后主要控制断面高锰酸盐指数变化情况

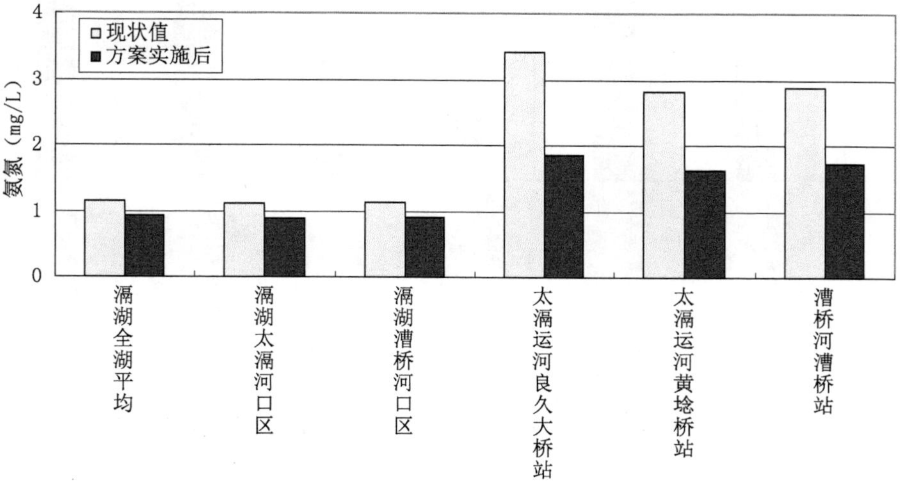

图 5.5.2　调控方案一实施后主要控制断面氨氮变化情况

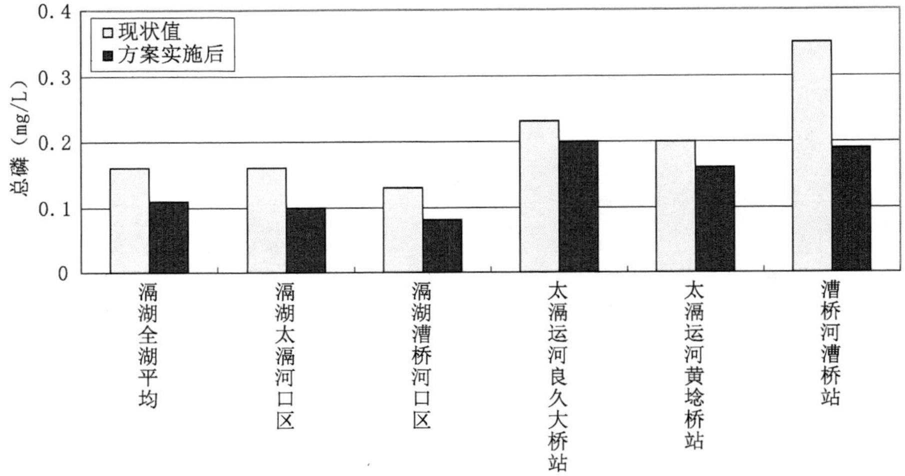

图 5.5.3　调控方案一实施后主要控制断面总磷变化情况

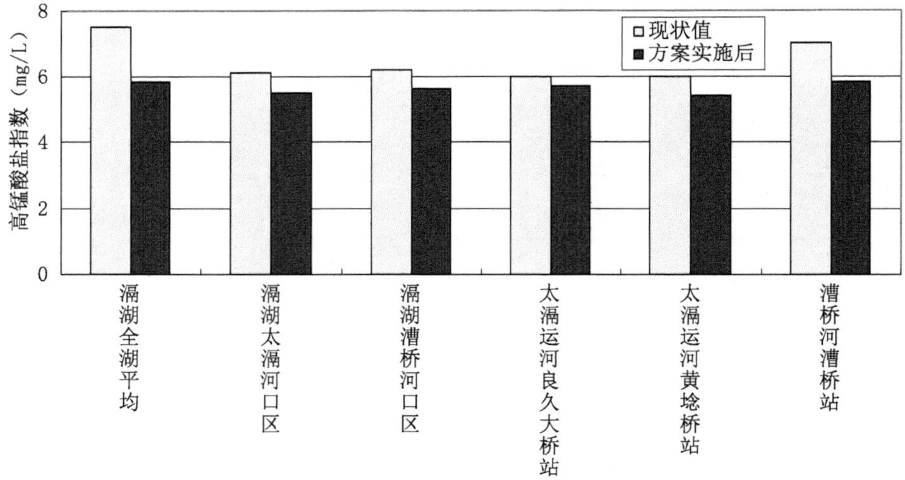

图 5.5.4　调控方案二实施后主要控制断面高锰酸盐指数变化情况

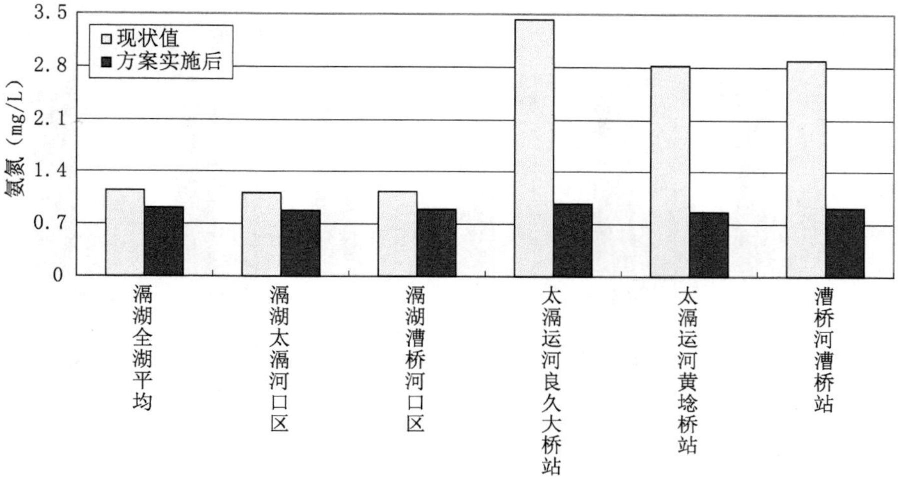

图 5.5.5 调控方案二实施后主要控制断面氨氮变化情况

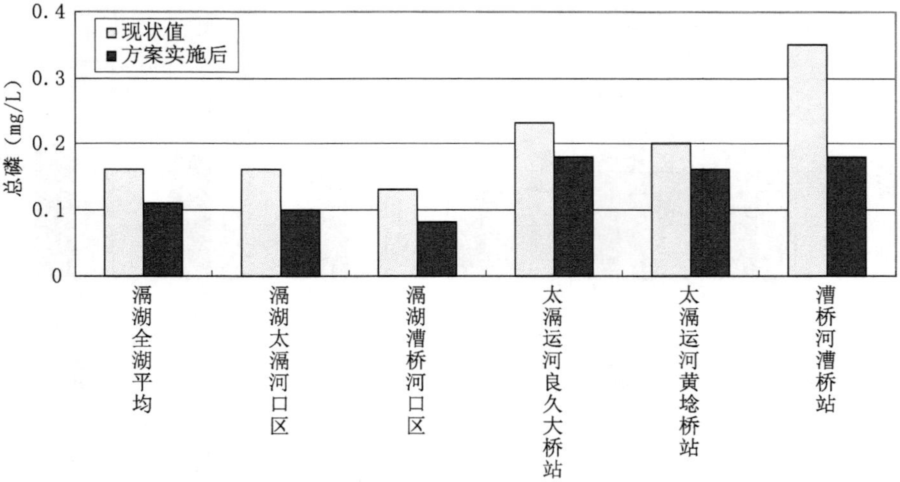

图 5.5.6 调控方案二实施后主要控制断面总磷变化情况

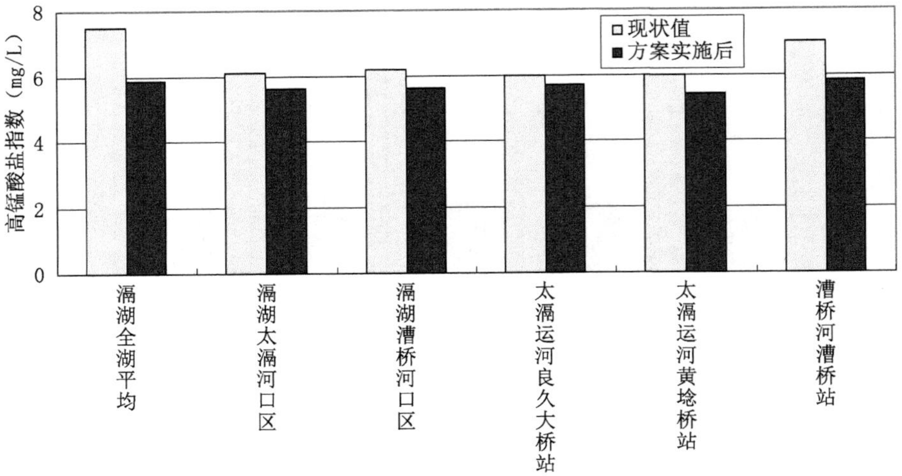

图 5.5.7　调控方案三实施后主要控制断面高锰酸盐指数变化情况

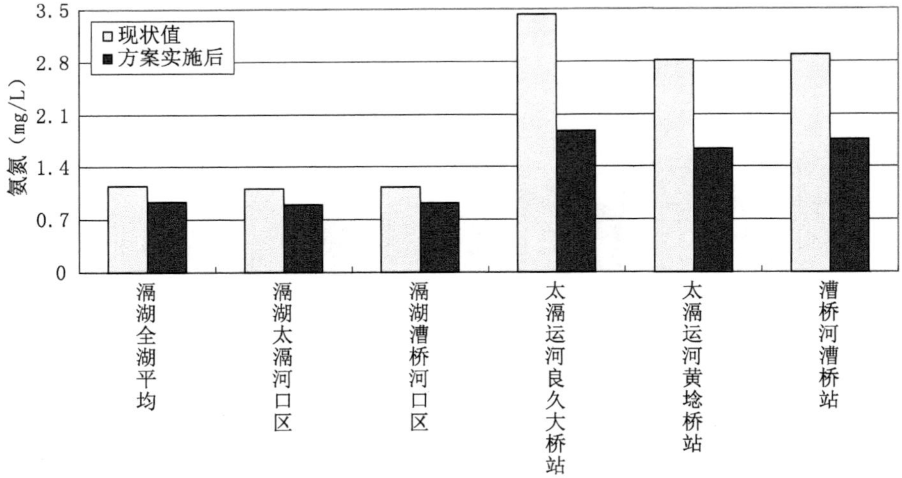

图 5.5.8　调控方案三实施后主要控制断面氨氮变化情况

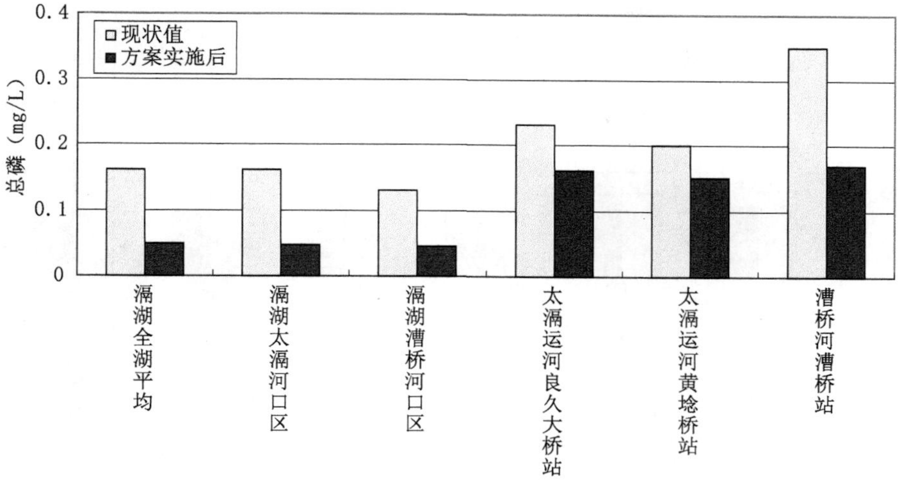

图 5.5.9 调控方案三实施后主要控制断面总磷变化情况

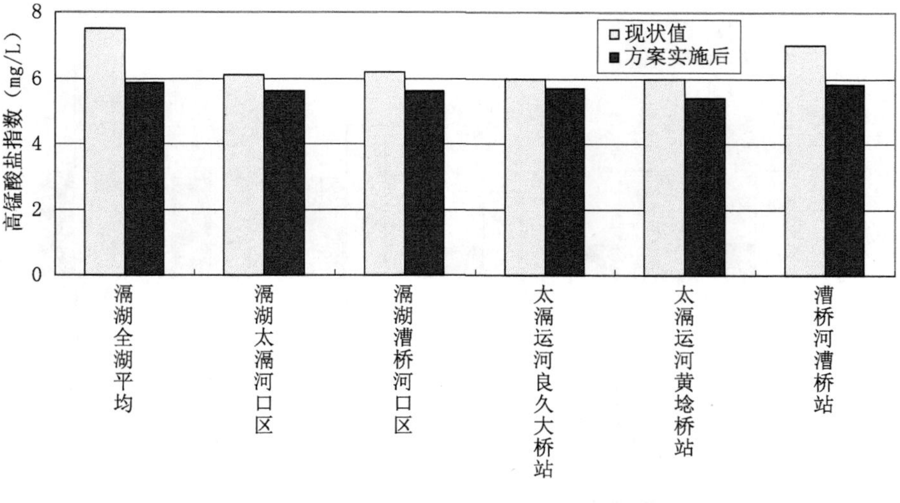

图 5.5.10 调控方案四实施后主要控制断面高锰酸盐指数变化情况

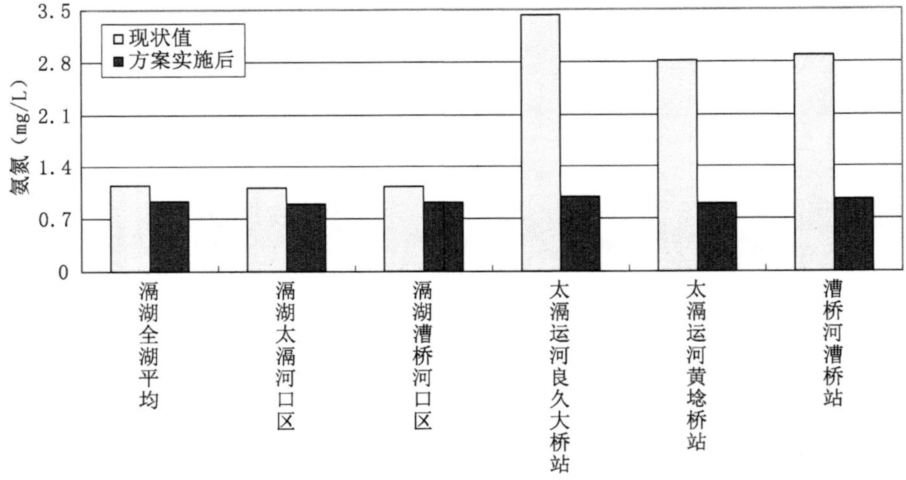

图 5.5.11　调控方案四实施后主要控制断面氨氮变化情况

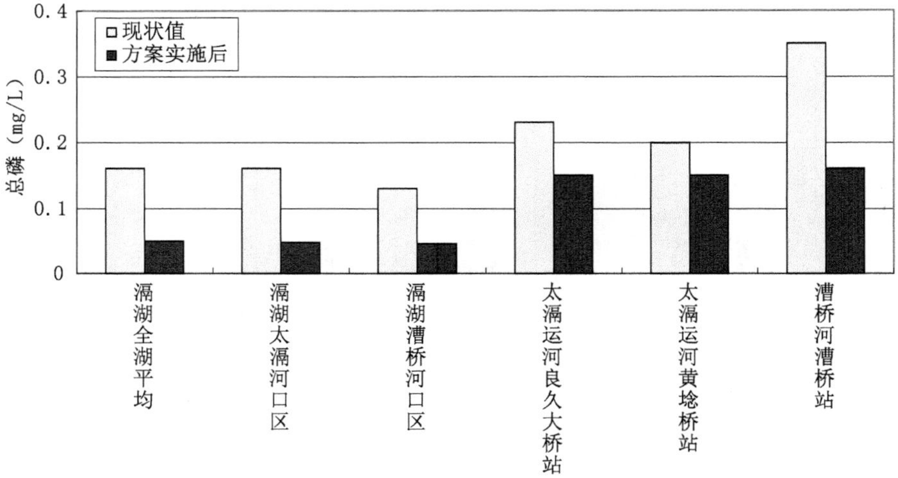

图 5.5.12　调控方案四实施后主要控制断面总磷变化情况

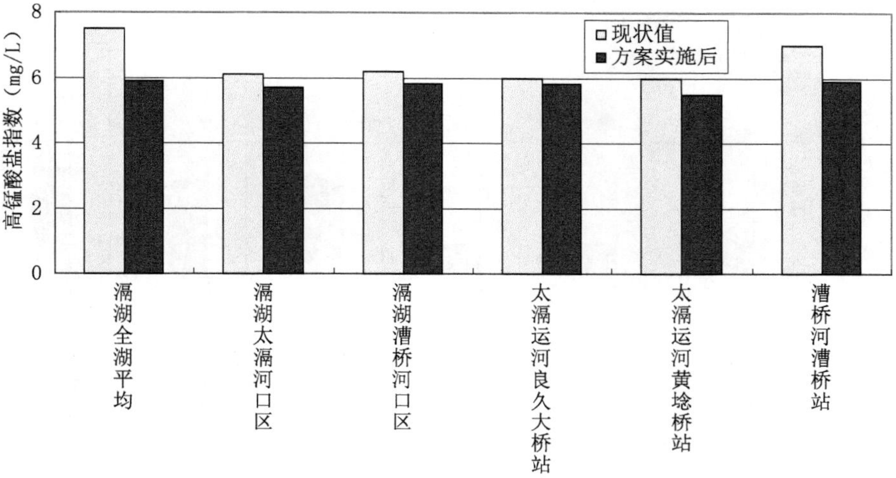

图 5.5.13 调控方案五实施后主要控制断面高锰酸盐指数变化情况

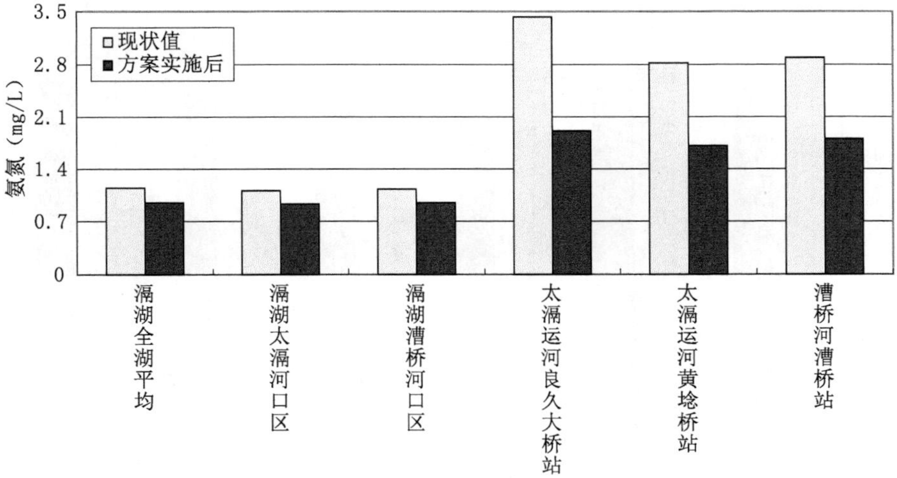

图 5.5.14 调控方案五实施后主要控制断面氨氮变化情况

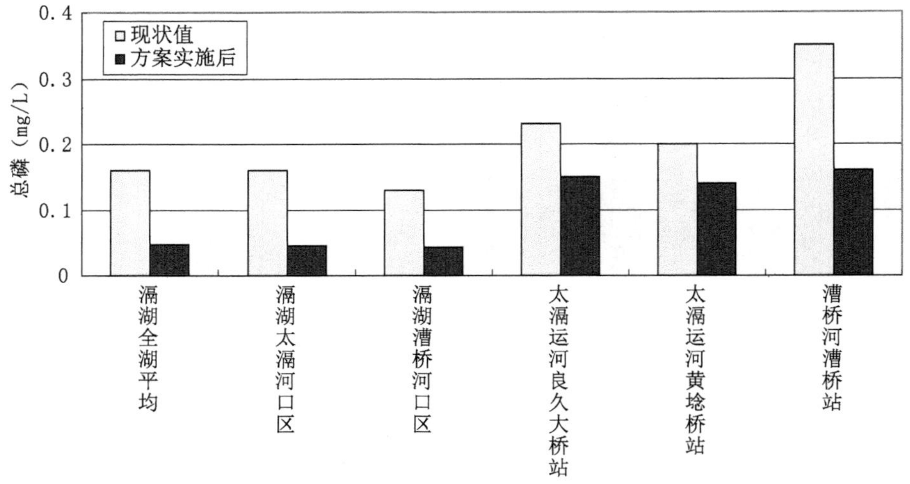

图 5.5.15　调控方案五实施后主要控制断面总磷变化情况

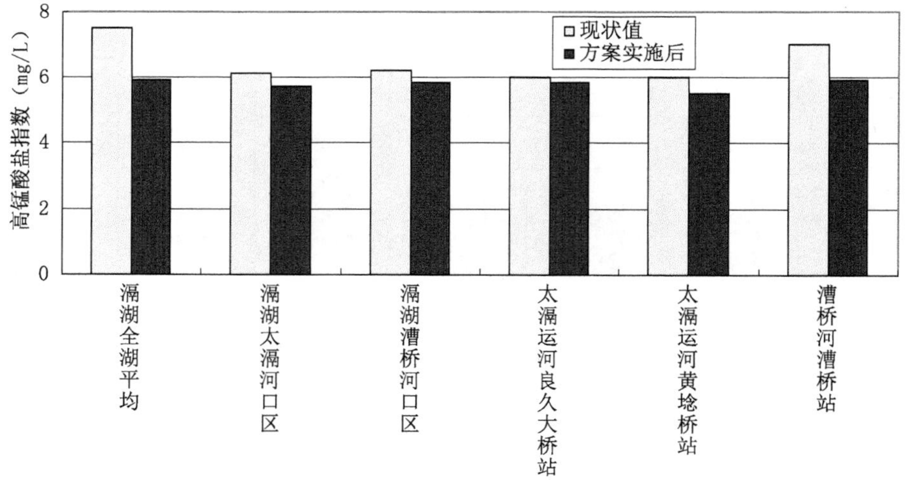

图 5.5.16　调控方案六实施后主要控制断面高锰酸盐指数变化情况

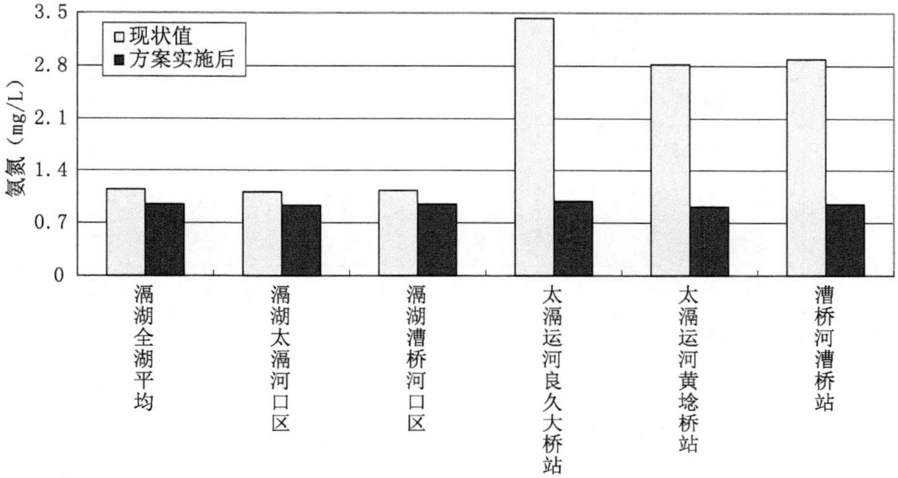

图 5.5.17　调控方案六实施后主要控制断面氨氮变化情况

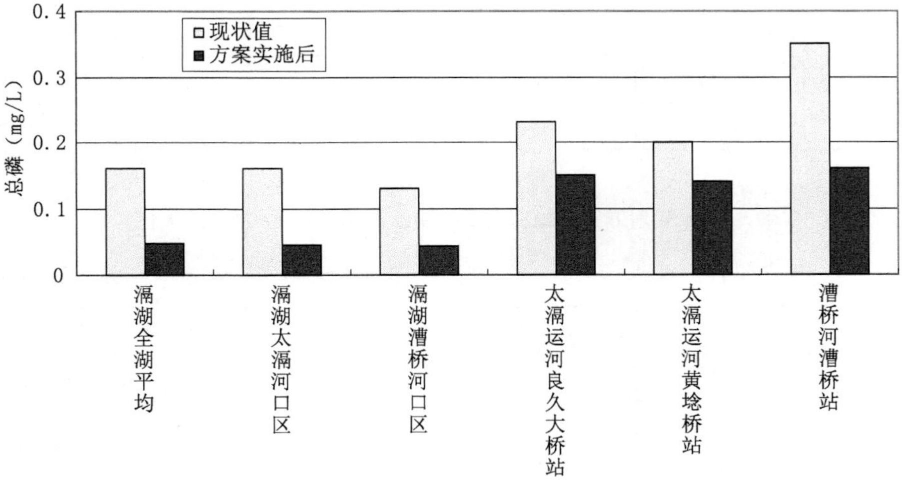

图 5.5.18　调控方案六实施后主要控制断面总磷变化情况

表 5.5.3　规划方案实施后主要控制断面高锰酸盐指数计算结果(最大值)

单位：mg/L

水体	断面	现状值	方案一	方案二	方案三	方案四	方案五	方案六
滆湖	全湖平均	7.5	5.8	5.8	5.85	5.85	5.9	5.9
	太滆河口区	6.1	5.5	5.5	5.6	5.6	5.7	5.7
	漕桥河口区	6.2	5.6	5.6	5.6	5.6	5.8	5.8
太滆运河	良久大桥站	6.0	5.7	5.7	5.7	5.7	5.8	5.8
	黄埝桥站	6.0	5.4	5.4	5.4	5.4	5.5	5.5
漕桥河	漕桥站	7.0	5.8	5.8	5.8	5.8	5.9	5.9

表 5.5.4　规划方案实施后主要控制断面氨氮计算结果(最大值)

单位：mg/L

水体	断面	现状值	方案一	方案二	方案三	方案四	方案五	方案六
滆湖	全湖平均	1.15	0.92	0.92	0.93	0.93	0.96	0.96
	太滆河口区	1.11	0.89	0.89	0.91	0.91	0.93	0.93
	漕桥河口区	1.13	0.90	0.90	0.92	0.92	0.95	0.95
太滆运河	良久大桥站	3.43	1.85	0.98	1.87	0.99	1.92	0.99
	黄埝桥站	2.82	1.62	0.87	1.65	0.90	1.72	0.92
漕桥河	漕桥站	2.88	1.73	0.92	1.76	0.95	1.81	0.96

表 5.5.5　规划方案实施后主要控制断面总磷计算结果(最大值)

单位：mg/L

水体	断面	现状值	方案一	方案二	方案三	方案四	方案五	方案六
滆湖	全湖平均	0.16	0.11	0.11	0.05	0.05	0.048	0.048
	太滆河口区	0.16	0.10	0.10	0.048	0.048	0.045	0.045
	漕桥河口区	0.13	0.08	0.08	0.046	0.046	0.043	0.043
太滆运河	良久大桥站	0.23	0.20	0.18	0.16	0.15	0.15	0.15
	黄埝桥站	0.20	0.16	0.16	0.15	0.15	0.14	0.14
漕桥河	漕桥站	0.35	0.19	0.18	0.17	0.16	0.16	0.16

5.5.3 结果分析

由 5.5.2 节计算结果可知：

(1) 当引长江水进行区域水量调配时，由于长江水中高锰酸盐指数和氨氮含量比较低，起到稀释作用，因此可以减少区域 COD 和氨氮的削减量，但是由于长江水中总磷含量比较高，使滆湖水体中总磷难以达到水功能标准。

(2) 上游来水水质对太滆运河和漕桥河水质达标影响很大，当上游来水水质维持现状时，对研究区域污染负荷进行削减后，研究区域内主要控制断面的氨氮仍然超标，无法满足水功能区划要求。

(3) 当每年引 6 亿 m^3 长江水对区域进行水量调配时，且太滆运河和漕桥河上游河流来水水质满足水功能区划要求时，要使滆湖、太滆运河和漕桥河的主要控制断面满足水功能区划要求，必需对其污染负荷进行削减，其中滆湖周边污染负荷削减量为 COD 4 500 t/a，氨氮 1 400 t/a，总磷 280 t/a；太滆运河沿岸污染负荷削减量 COD 100 t/a，氨氮 220 t/a，总磷 20 t/a；漕桥河沿岸污染负荷削减量为 COD 350 t/a，氨氮 250 t/a，总磷 22 t/a。

(4) 当未引长江水进行水量调配时，需要削减滆湖周边污染负荷 COD 6 100 t/a，氨氮 1 700 t/a，总磷 255 t/a，太滆运河沿岸污染负荷 COD 100 t/a，氨氮 220 t/a，总磷 20 t/a，漕桥河沿岸污染负荷 COD 350 t/a，氨氮 250 t/a，总磷 22 t/a，且太滆运河和漕桥河上游河流来水水质必须满足水功能区划要求，滆湖、太滆运河和漕桥河的主要控制断面才能够满足水功能区划要求。

参考文献

[1] 国务院第一次全国污染源普查领导小组办公室.第一次全国污染源普查畜禽养殖业源产排污系数手册[Z].2009.

[2] 国务院第一次全国污染源普查领导小组办公室.第一次全国污染源普查城镇生活源产排污系数手册[Z].2008.

[3] 国务院第一次全国污染源普查领导小组办公室.第一次全国污染源普查水产养殖业污染源产排污系数手册[Z].2009.

[4] 国务院第一次全国污染源普查领导小组办公室.第一次全国污染源普查农业污染源肥料流失系数手册[Z].2009.

[5] 环境规划院.全国水环境容量核定技术指南[Z].2003.

[6] 蔡金傍,张毅敏,李维新,等.常州平原河网水动力模型构建[J].生态与农村环境学报,2010,26(增刊1):41-44.

[7] 蔡金傍,孙旭,苏良湖,等.滆湖污染源调查与分析[J].江苏农业科学,2018,46(05):224-227.

[8] 付意成,魏传江,王瑞年,等.水量水质联合调控模型及其应用[J].水电能源科学,2009,27(2):31-35.

[9] 董增川,卞戈亚,王船海,等.基于数值模拟的区域水量水质联合调度研究[J].水科学进展,2009,20(2):184-189.

[10] 戴甦,王船海,金科.引江济太水量水质联合调度研究[J].中国水利,2008(1):15-17.

[11] 游进军,薛小妮,牛存稳.水量水质联合调控思路与研究进展[J].水利水电技术,2010,41(11):7-9.

[12] 张守平,魏传江,王浩,等.流域/区域水量水质联合配置研究Ⅰ:理论方法[J].水利学报,2014,45(7):757-766.

[13] 王昭亮.沙颍河闸坝群水质水量联合调度研究[J].西北水电,2014(1):1-6.

[14] 严军,许琳娟,白洪炉,等.水资源水质水量联合调控研究进展[J].水电能源科学,2013,31(5):27-30.

[15] 葛忆，顾圣平，贺军，等.基于模拟与优化模式的流域水量水质联合调度研究[J].中国农村水利水电，2013(3)：62-65.

[16] 钱玲，刘媛，晁建颖.我国水质水量联合调度研究现状和发展趋势[J].环境科学与技术，2013，36(S1)：484-487.

[17] 张秀菊，丁凯森，杨凯.新江海河河网地区水量水质联合调度模拟及引水方案[J].水电能源科学，2017，35(1)：31-34.

[18] 徐聪，冯民权.引调水工程水源地水量水质联合风险研究案[J].西北农林科技大学学报(自然科学版)，2016，44(9)：228-234.

[19] 王义民，孙佳宁，畅建霞，等.考虑“三条红线”的渭河流域(陕西段)水量水质联合调控研究[J].应用基础与工程科学学报，2015，23(5)：861-872.

[20] 刘丙军，吴志强，柯华斌，等.珠江三角洲网河区水量水质联合优化调度模型研究[J].人民珠江，2015，36(1)：74-78.

[21] 彭卓越，张丽丽，殷峻暹，等.水质水量联合调度研究进展及展望[J].水利水电技术 2015，46(4)：6-10.

[22] 张毅敏，张永春，高月香，等.河湖相连水系水体污染控制技术与策略[J].生态与农村环境学报，2010，26(增刊 1)：9-13.

[23] 张守平，魏传江，王浩，等.流域/区域水量水质联合配置研究Ⅱ：实例应用[J].水利学报，2014，45(8)：938-949.

[24] 彭焱梅，曹菊萍，周宏伟，等.太浦河工程水量水质联合调度对金泽水库及松浦大桥取水口水质影响研究[J].中国农村水利水电，2021(4)：120-125.

[25] 裴源生，许继军，肖伟华，等.基于二元水循环的水量-水质-水效联合调控模型开发与应用[J].水利学报，2021，51(12)：1473-1485.

[26] 谢凯，李永红.基于湖泊的水质水量联合调度应用设计研究[J].环境科学与管理，2020，45(4)：53-57.

[27] 杨成刚，田传冲，周芬.基于水量水质联合调控系统的宁波市三江平原河网引配水研究[J].水电能源科学，2019，37(1)：32-35.

[28] 高晓琦，董增川，周涛，等.基于不同生态需水计算方法的水量水质联合调度研究[J].水电能源科学，2018，36(12)：25-29.

[29] 周芬，陈黎明，田传冲，等.沿海平原调水引流及水量水质联合调控研究[J].人民长江，2018，49(14)：61-66.

[30] 邹朝望，孙媛媛.城市浅水湖泊水质水量联合调度研究[J].三峡生态环境监测，2017，2(3)：25-34.

[31] 戴晶晶，陈红，彭焱梅，等.太浦闸水量水质联合调度对金泽水库水质影响[J].水利水运工程学报，2017(4)：20-27.

[32] 刘玉年，施勇，程绪水，等.淮河中游水量水质联合调度模型研究[J].水科学进展，2009，20(2)：177-183.

[33] 黄娟，王惠中，吴云波，等.太滆南运河入湖污染物控制对策研究[J].环境科学与管理，2010，35(7)：1-3.

[34] 张文艺，韩有法，陆丽巧，等.太滆运河流域水环境污染解析研究[J].中国农村水利水电，2012(9)：47-50.

[35] 徐宪根，曹慧敏，顾礼明，等.太滆南运河沿程水质变化及原因解析[J].广东化工，2017，44(12)：197-198.

[36] 张利民，刘伟京，尤本胜，等.太湖流域漕桥河污染物来源特征[J].环境科学研究，2009，22(10)：1150-1155.

[37] 张利民，刘洋，孙卫红，等.太湖流域漕桥河小流域水环境容量估算及污染物削减分配[J].湖泊科学，2009，21(4)：502-508.

[38] 吴娟，胡艳，武剑，等.太湖流域湖西区入湖水量变化及原因初步分析[J].水文，2016，36(3)：44-49.

[39] 张涛，陈求稳，易齐涛，等.太湖流域上游平原河网区水质空间差异与季节变化特征分析[J].湖泊科学，2017，29(6)：1300-1311.

[40] 张舒羽，李星南，朱勇.调水情况下滆湖及周边河网水网水量水质调控方案研究[J].陕西水利，2020(12)：47-49.

[41] 于珊，李一平，程一鑫，等.调水引流工程对平原河网水动力调控的效果[J].湖泊科学，2021，33(2)：462-473.

[42] 李定龙，张文艺，马建锋，等.武进区漕桥河流域农村生活污水治理工程规划研究[J].中国农村水利水电，2010(5)：8-10.

[43] 孙卫红，张利民，刘伟京，等.漕桥河区域水环境质量现状分析[J].环境科学与管理，2009，34(1)：48-51.

[44] 姚国金，逄勇，刘智森.水环境容量计算中不均匀系数求解方法探讨研究[J].人民珠江，2000(2)：47-50.

[45] Danish Hydraulic Institute(DHI).MIKE11：A Modeling System for Rivers and Channels Reference Manual[R] Copenhagen：DHI，2007.

[46] 丁训静，姚琪.苏州水网水量调控研究[J].河海大学学报，1995(05)：81-87.

[47] 陈庆江，丁瑞，赵海.平原河网区活水畅流对水动力和水质的改善效果[J].水利水电科技

进展,2020,40(3):8-13.

[48] 徐祖信,卢士强.平原感潮河网水动力模型研究[J].水动力学研究与进展,2003,18(2):176、181.

[49] 汪德爟.计算水力学理论与应用[M].北京:科学出版社,2011.

[50] 赵凤伟.MIKE11HD模型在下辽河平原河网模拟计算中的应用[J].水利科技与经济,2014,20(8):33-35.

[51] 刘伟,刘洪超,徐海岩.基于MIKE11模型计算河流水功能区纳污能力方法[J].东北水利水电,2009(8):69-70.

[52] 张映辉,陈焕宝,汪小阳,等.基于MIKE11的水动力模型在瓯江干流梯级水库防洪调度中的应用[J].浙江水利科技,2013,85(1):48-49.

[53] 赵海,王志平,顾希俊.MIKE11AD模型在富阳市江南新城水环境改善方案研究中的应用[J].浙江水利科技,2012,179(1):27-29.

[54] 李义天.河网非恒定流隐式方程组的汊点分组解法[J].水利学报,1997(03):50-58.

[55] 侯玉,卓建民,郑国权.河网非恒定流汊点分组解法[J].水科学进展,1999(01):49-53.

[56] 白玉川,万艳春,黄本胜,等.河网非恒定流数值模拟的研究进展[J].水利学报,2000(12):43-47.

[57] 张永勇,花瑞祥.基于水动力-水质模型的湖(库)纳污能力量化[J].华北水利水电大学学报(自然科学版),2016,37(05):33-39.

[58] 赵琰鑫,张万顺,汤怡,等.湖泊-河网耦合水动力水质模型研究[J].中国水利水电科学研究院学报,2011,9(1):53-58.

[59] 郑孝宇,褚君达,朱维斌.河网非稳态水环境容量研究[J].水科学进展,1997,8(1):25-31.

[60] 陈丽娜,谈俊益,常文婷.湖泊水环境容量计算-以阳澄湖为例[J].中国水运,2006,16(6):199-200.

[61] 王寿兵,马小雪,张韦倩,等.上海淀山湖水环境容量评估[J].中国环境科学,2013,33(6):1137-1140.

[62] 金相灿.湖泊富营养化控制和管理技术[M].北京:化学工业出版社,2001.

[63] 陈炜,罗华兵,黄璇.流溪河水库水环境容量研究[J].环境科学与管理,2011,36(11):34-39.

[64] 范丽丽,沙海飞,逄勇.太湖湖体水环境容量计算[J].湖泊科学,2012,24(5):693-697.

[65] 张红举,杨利芝.感潮河流水环境容量计算-以太湖流域太浦河为例[J].水资源保护,2009,25(6):12-15.

[66] 程文辉,王船海,朱琰.太湖流域模型[M].南京:河海大学出版社,2006.

[67] 孙卫红，姚国金，逄勇.基于不均匀系数的水环境容量计算方法探讨[J].水资源保护，2001，17(2)：25-26.

[68] 韩菲，陈永灿，刘昭伟.湖泊及水库富营养化模型研究综述[J].水科学进展，2003，14(6)：785-791.

[69] 叶守则.水库水环境模拟预测与评价[M].北京：中国水利水电出版社，1997.

[70] 毛劲乔，陈永灿，刘昭伟，等.太湖五里湖湾富营养化进程的模型研究[J].中国环境科学，2006，26(6)：672-676.

[71] 纪海婷，李骏，张喜."河长制"下的河道治理和保护研究-以扁担河为例[J].水利技术监督，2019(5)：156-159.

[72] 周向华，杨侃，蒋立伟，等.基于突变级数法的中干河河流健康评价模型及应用[J].水电能源科学，2016，34(7)：28-31.

[73] 杨晓英，罗兴章，郑正，等.平水期和丰水期殷村港污染物浓度时空变异比较研究[J].环境科学，2012，33(9)：3051-3056.

[74] 张宇，凌虹，吴俊峰，等.武宜运河小流域平原河网地区水环境质量现状分析及改善对策研究[J].环境科学与管理，2015，40(12)：20-25.